· 超级思维训练营系列丛书 ·

让爱迪生为你鼓掌

RANG AIDISHENG WEINI GUZHANG

谢冰欣 ◎ 编 著

锻炼自我判断能力 ——☆—— 触类旁通、调动创新思维

中国出版集团　现代出版社

图书在版编目(CIP)数据

让爱迪生为你鼓掌 / 谢冰欣编著. —北京:现代出版社,
2012. 12(2021. 8 重印)

(超级思维训练营)

ISBN 978 - 7 - 5143 - 0980 - 5

Ⅰ. ①让… Ⅱ. ①谢… Ⅲ. ①思维训练 - 青年读物②思维
训练 - 少年读物 Ⅳ. ①B80 - 49

中国版本图书馆 CIP 数据核字(2012)第 275728 号

作　　者	谢冰欣
责任编辑	刘春荣
出版发行	现代出版社
通讯地址	北京市安定门外安华里 504 号
邮政编码	100011
电　　话	010 - 64267325　64245264(传真)
网　　址	www. xdcbs. com
电子邮箱	xiandai@ cnpitc. com. cn
印　　刷	北京兴星伟业印刷有限公司
开　　本	700mm×1000mm　1/16
印　　张	10
版　　次	2012 年 12 月第 1 版　2021 年 8 月第 3 次印刷
书　　号	ISBN 978 - 7 - 5143 - 0980 - 5
定　　价	29. 80 元

前　言

　　每个孩子的心中都有一座快乐的城堡,每座城堡都需要借助思维来筑造。一套包含多项思维内容的经典图书,无疑是送给孩子最特别的礼物。武装好自己的头脑,穿过一个个巧设的智力暗礁,跨越一个个障碍,在这场思维竞技中,胜利属于思维敏捷的人。

　　思维具有非凡的魔力,只要你学会运用它,你也可以像爱因斯坦一样聪明和有创造力。美国宇航局大门的铭石上写着一句话:"只要你敢想,就能实现。"世界上绝大多数人都拥有一定的创新天赋,但许多人盲从于习惯,盲从于权威,不愿与众不同,不敢标新立异。从本质上来说,思维不是在获得知识和技能之上再单独培养的一种东西,而是与学生学习知识和技能的过程紧密联系并逐步提高的一种能力。古人曾经说过:"授人以鱼,不如授人以渔。"如果每位教师在每一节课上都能把思维训练作为一个过程性的目标去追求,那么,当学生毕业若干年后,他们也许会忘掉曾经学过的某个概念或某个具体问题的解决方法,但是作为过程的思维教学却能使他们牢牢记住如何去思考问题,如何去解决问题。而且更重要的是,学生在解决问题能力上所获得的发展,能帮助他们通过调查,探索而重构出曾经学过的方法,甚至想出新的方法。

　　本丛书介绍的创造性思维与推理故事,以多种形式充分调动读者的思维活性,达到触类旁通、快乐学习的目的。本丛书的阅读对象是广大的中小学教师,兼顾家长和学生。为此,本书在篇章结构的安排上力求体现出科学性和系统性,同时采用一些引人入胜的标题,使读者一看到这样的题目就产生去读、去了解其中思维细节的欲望。在思维故事的讲述时,本丛书也尽量使用浅显、生动的语言,让读者体会到它的重要性、可操作性和实用性;以通俗的语言,生动的故事,为我们深度解读思维训练的细节。最后,衷心希望本丛书能让孩子们在知识的世界里快乐地翱翔,帮助他们健康快乐地成长!

目 录

第一章 现代创造

让爱迪生为你鼓掌

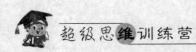

超级思维训练营

第二章　古老发明

让爱迪生为你鼓掌

第三章 揭开秘密

让爱迪生为你鼓掌

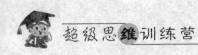

第一章　现代创造

自制的直升机

在国内各大视频网站上，一段直升机视频广为流传。这段时长 3 分 47 秒的视频里，一名连安全帽都没有戴的男子操纵一架造型简单的直升机，在发动机的轰鸣声中不停"荡秋千"、直上直下、平飞和悬停。他最后还将直升机稳稳当当地停到了一幢五层楼房门前的空地上。

众多网友将这架直升机称为"史上最牛的自制超强直升机"，将驾驶者誉为"广东强人"。

让爱迪生为你鼓掌

蟑螂的克星

大家都知道拖鞋是蟑螂的克星。如果遇到"会飞"的蟑螂，就需要这个加长型的蟑螂克星：可收缩和拉长的握把，平时可缩短收紧方便放置；而"战"时，则可伸长 1 米多的握把，让我们跟敌手之间保持足够的安全距离。就算敌人突然飞了起来，我们也还能保有足够的反应时间可以追杀或者弃械逃跑。

点烟的新方法

很多人都知道太阳能的用处，但应该没人想过用太阳能来点烟吧？各位小时候都玩过用凸透镜烧纸的游戏，而这个产品就是利用相同的聚热原理来点燃香烟。只是这项产品只能在晴天使用，至于没看到太阳时……嗯，或许这也是戒掉烟瘾的一个好方法吧？

铁桶式潜水艇

一个安徽农民在北京自制潜艇的视频在网络上热炒。这个来自安徽阜阳的陶相礼被网友称为"超强牛人"潜水艇制造者。陶相礼出生在一个农民家庭，由于家境贫困，连小学五年级都没念完就辍学在家，但从小喜欢发明创造的陶相礼，偶然间突发奇想要自制潜水艇。从2007年开始，陶相礼就一边钻研潜水艇制作知识，一边着手收集所需材料。通过钻研他发现，"铁桶"也许是最好的制作材料，于是他从铁桶入手，在不断的打磨中，铁桶慢慢变成了潜水艇的模样。陶相礼制造的潜艇分为前端、中端（艇身）、后端（艇尾）3个部分，除了后端由钢板制造外，其余部分均为铁桶打造。"潜水艇里面空间很小，只能容纳一人，里面设有压力表、探头、电视、氧气瓶，以及左右灯。虽然设备简单，但是还能看见水底的东西。经过一年时间的打磨，日前这艘长6.5米、重为800千克的潜水艇正式完工。

彩色泡泡

吹泡泡是每个孩子童年都喜欢玩的游戏。可是，你吹过彩色泡泡吗？

美国明尼苏达州圣保罗市的提姆，历时15年，耗费个人资产300万美元，终于率先研发出世界上第一种彩色泡泡。

提姆发明的彩色泡泡，除了有颜色外，其他看起来和用普通肥皂水吹出的泡泡没什么两样。不过提姆透露，他发明的泡泡水中加入了一种特殊染料，能让泡泡呈现出不同的颜色，并且在飘浮的过程中，随着气温、压力、风力等对泡泡的影响，颜色渐渐褪去。提姆表示，他发明的彩色泡泡比普通泡泡持续的时间长，可以在空中飘浮15分钟才渐渐地消失。美国科学杂志《大众科学》周刊授予提姆的彩色泡泡为2005年新发明之"特等奖"。

帮蜘蛛逃出浴缸

一只蜘蛛不慎掉进光滑的浴缸中，怎么爬也无法爬出去，并且随时都有可能被冲入下水道的危险。这可能是这只蜘蛛的噩梦。于是一名蜘蛛同情者竟然专门为蜘蛛们发明出了一种用橡胶制作的"蜘蛛梯子"，它可以让8条腿的蜘蛛轻而易举地爬出浴缸，逃到安全地带。据悉，"蜘蛛梯子"早在1994年就成功申请了专利。

让爱迪生为你鼓掌

五趾鞋

意大利一家公司设计的一款超薄"五趾鞋",号称最舒适的鞋子。它是用氯丁橡胶制成的,有助于预防脚踝扭伤。一位名叫马特·沃登的骨科医生甚至开始使用这种"五趾鞋"来帮助病人进行康复训练。目前,一双"五趾鞋"的售价近 80 英镑(约合人民币 865 元)。

这家公司介绍说,"五趾鞋"就像为脚掌准备的"手套",在保护皮肤的同时给脚掌提供了更多的裸脚感受。而且这种鞋子就像人的第二层皮肤,使得使用者在落地时反作用力集中在脚掌中心而不是脚后跟,有助于保持平衡。

设计者称,这种"五趾鞋"最初的定位人群是水手、瑜伽爱好者以及皮划艇爱好者。但如今已经在职业田径运动员和休闲人士中流行开来。

神奇的潜望镜

棺材入土后,很难得知死者有没有还魂复活。美国发明家威勒斯设计的棺材潜望镜,为的就是满足家属好奇心,可供外界窥视死者是否真的已入土为安。据了解,这个产品至今尚未上市,堪称搞怪创意之首。

该专利申请时间为 1908 年,被福布斯评选为美国最怪异的发明。

奶酪味的香烟

全球瘾君子以数亿计，其中喜爱奶酪的人也不在少数。虽然这两样东西看起来不相干，但是为何不考虑来支有奶酪风味的香烟呢？威斯康星州的史特宾斯设计的这款香烟的滤嘴中混入奶酪粉与活性炭，让人吸烟时有双重享受的同时还能滤去尼古丁。

会飞的气垫船

新西兰机械师鲁迪－赫曼历经 11 年摸索，于 2010 年 3 月苦心研制出一艘可以在空中飞行的气垫船，名字叫卫宁。这艘气垫船在水上航行时，与普通船只似乎没什么不同，但当航行速度超过每小时 70 千米时，气垫船两侧的机翼就会伸展开来，就能腾空而起，形如"一千零一夜飞毯"。他现在正把飞行气垫船放在网上拍卖，最高拍卖价已经达到 9.5 万元人民币。

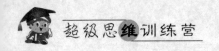

用可乐代替电池

可乐含有咖啡因令人醒神，原来还可以做手机能源。中国女设计师郑黛子（音译，Daizi Zheng），设计出一款以可乐来发电的概念手机，不像传统电池"报废"后会产生潜在污染，这款可乐手机唯一制造的废物是水和氧气，既经济又环保，相信可在5年内上市发售。据郑黛子说，除了可乐外，只要含糖分的汽水都可以作为能源。

可以打电话的鞋子

有一名澳大利亚的电脑工程师在其一位鞋匠朋友的帮助之下，发明了世界上第一部鞋子手机。这款手机既能当鞋穿，又可以当手机使。这位名叫保罗·加德纳·史蒂芬的工程师，将手机的话筒放在鞋后跟里，又将一个蓝牙耳机放在鞋子的前端，滑开后跟的滑盖就能够打电话了。

史蒂芬发明的这款"鞋子手机"与《糊涂侦探》中的搞笑道具几乎一样，所不同的只是用数字键盘代替了拨号盘，另外增加了一个液晶显示屏。

其制作过程分为5个步骤：第一步，先把皮鞋的后跟切下来；第二步，在皮鞋后脚掌用刀具挖出一块与手机一样大小的长方形凹陷区域；第三步，将一部迷你手机镶嵌其中；第四步，将先前切割下来的鞋后跟钉上一个钉子，做成一个能够滑动的盖子；第五步，依照同法，在皮鞋前端嵌入一个蓝牙耳机。

至此，一个像模像样的"鞋子手机"就大功告成了。平时，它与普通的皮鞋一样，只要拉开充当鞋跟的滑盖就可以轻松通话了。

汽车隐形衣

英国男子阿尔贝托担心自己的赛车由于超速而被交警罚款,于是潜心研究多年,终于开发出了一种特殊的"汽车隐形衣"。这件"隐形衣"可以反射电子眼发出的闪光信号,从而在自动拍摄的违章照片上留下一片空白,如同让汽车"隐形"了一般。该"隐形衣"说白了就是一种特制的透明塑料薄膜,当将其罩在车身和车牌上时,肉眼看上去平平常常,可是却能反射电子眼发出的脉冲信号,从而在自动拍摄的违章照片上留下一片空白,如同让汽车"隐形"了一般。

这种"隐形衣"的最大优点在于简单易行。在常人的眼睛看来,它与普通的塑料薄膜无异。可是当电子眼的闪光信号打到这种薄膜上时,就会由于分子运动而向外反射,从而让汽车如同在照片上隐形了一般。

阿尔贝托开发的这种"隐形衣"还有一个显著优点便是极其耐热,即使面对汽车引擎部分的局部高温也不会变形或者熔化。从阿尔贝托展示的几张电子眼拍摄到的照片来看,穿上"隐形衣"后的汽车犹如一个"长了腿的幽灵",只剩下4个轮子和驾驶座位上戴着头盔的驾驶者在飞驰,因为后者目前尚无法"隐形"。

神奇的眼镜

荷兰鹿特丹动物园曾经发生过一起大猩猩重伤女游客的事件。据称,大猩猩之所以主动袭击该游客,主要是因为双方进行了长时间"对视"而使得大猩猩感觉受到威胁。为了避免这种由"对视"引起

让爱迪生为你鼓掌

的事故再次发生，一家健康保险公司就为游客提供了这样一款非常有趣的眼镜。戴上它，相信就不会再有大猩猩因为"对视"而找你的麻烦了。

水动飞行器

加拿大工程师设计出一款先进的水动喷射背包，可以在距地面30米的半空中盘旋，时速达到22英里（约合35千米）。007系列电影或皮克斯经典动画片《玩具总动员》的影迷花上11万英镑（约合17万美元），就能亲身体验高科技飞行器带来的乐趣。

在英国首都伦敦举行的国际船舶展上，这款名为"Jetley – Flyer"的喷射背包吸引了众多参观者的目光。它通过动力强劲的发动机将水排入一个开口朝下的管子，然后利用管中喷射而出的水流驱动升空。它在伦敦东区EXCEL国际会展中心附近的泰晤士河上揭开了神秘面纱。

水动喷射飞行器，外形和工作原理就如火箭背包飞行器，是2009年搞怪发明之一。被取名为"Jetley – Flyer"。该水动喷射飞行器设有两个喷射器，在使用时，一飞冲天达30米高，闲游状态可飞行2小时，"踩尽油"可飞行1小时。

奇妙的挂钩

"购物袋挂钩"是由英国退休老人艾尔伯特·马丁发明的，马丁每次从超市购物回家时，总是感到拎购物袋拎得手发麻，于是他"灵机一动"，设计出了一个"购物袋挂钩装置"——这是一根从肩膀上垂下的皮带，皮带两端带有钩子，可以一边挂一个购物袋，这样他每次从超市回家时，就再也不需要用手来拎塑料袋了。

当时87岁的马丁解释说："当你用手指拎沉重的购物袋时，你会感到手指发麻，甚至会导致购物袋掉到地上，所以我才设计出了这一产品。"马丁希望向生产厂家兜售他的这一专利产品，他确信自己的这一发明成果可以让他在90岁前成为一个百万富翁。

能做熏肉的闹钟

美国纽约的马蒂·萨林发明了一种诱人的闹钟即熏肉闹钟，它在叫醒你的同时，还会散发出令人垂涎的熏肉香味，犹如在星期日的早晨被妈妈煮的早餐香味唤醒一样。

这种"熏肉闹钟"操作起来非常简单。你只需要在前一天晚上将冷冻的咸肉片放进闹钟的定时熏烤设备里，然后设置好闹钟的定时时间。但是，闹钟会比你设定的时间早10分钟响，因为熏烤需要10分钟。

一旦开始启动，闹钟就会发送信号到小型喇叭，发出响声叫醒你。闹钟被按掉后，信号就会被微芯片重新设定发射路线。随后，闹钟发送信号到继电器，启动两个卤素灯泡，嘶嘶作响10分钟后，熏肉就烤熟了。

婴儿携带装置

好莱坞巨星安吉丽娜·朱莉请设计师设计的一款新装置功能与马丁的"购物袋挂钩装置"相似，但朱莉并不是用来挂购物袋的，而是用来携带孩子。最近，朱莉宣布她已经提交申请，准备再收养一个外国孤儿。如此算来，朱莉的孩子数量将达到7个。有这么多孩子，又要全世界到处飞，朱莉不得不请个设计师帮忙设计一个时尚的孩子携带装置用以满足她的特殊需要。

朱莉的"免用手多个婴儿携带装置"款式新潮，可以同时把4个孩子带在身边，还有多个精巧装置用以放置尿布、奶瓶、学饮杯、食品和可收缩的玩具，存放食品的装置还是保温的。这一多功能装置让朱莉可以把双手腾出来去抱起其他吸引她眼球的孤儿。

咖啡肥皂

许多人早晨上班前总要喝杯咖啡提神，并且还要洗个热水澡。可是不少人总是来不及喝咖啡就要匆忙地赶去上班。为了更方便、快捷地品尝、吸收咖啡因，有人把咖啡因加入肥皂里，发明了"咖啡肥皂"。据发明者称，这种肥皂里面混入了200毫克的咖啡因，当睡眼惺忪的人们用它洗澡时，顿时会感到精神抖擞，就如同喝了两杯热咖啡一样提神。

洗澡时，咖啡因通过皮肤吸收，进入身体每个毛孔，这与你把咖啡喝进肚子的效果是一样的。你的血压和脉率将升高，达到提神醒脑的功效。洗一次等同于喝了两杯咖啡，醒神作用可持续约4个小时。不过"咖啡肥皂"的发明者建议，人们千万不要试图喝带着咖啡味的肥皂泡沫，毕竟"咖啡肥皂"是块肥皂，而不是一杯热咖啡。

"咖啡肥皂"由以制造独特玩意著称的美国 Think Geek 公司生产，该公司声称"咖啡肥皂"能于5分钟内将咖啡因渗入身体，用后更会散发淡淡的薄荷和柑橘味，保证使用者不会一身咖啡味。

"咖啡肥皂"的使用对象是那些早上无法同时洗澡和喝咖啡的大忙人。因为是植物性香皂，它不包含任何不纯物质或对肌肤有害的成分，非常安全。

一块113克的肥皂含200毫克咖啡因，每块可使用12次。网上定购每块约售3.5英镑，沐浴露则售约6.5英镑。因为含有咖啡因成分，因此这种肥皂不建议给孕妇或者是儿童使用。

让爱迪生为你鼓掌

"马"力中巴车

自从带有发动机的汽车出现后，乘马车旅行就退出了历史舞台。不过，一名发明家仍然念念不忘让马匹为人类效劳。他竟然异想天开，设计了一种靠"马"力来驱动的中巴车！

这一"马"力中巴车已在 1981 年申请到了发明专利。不过，人们千万不要以为这是一辆靠马来拉的汽车，因为那匹马自己也乘在汽车中！该发明的专利说明解释称，这种"马"力中巴车将在汽车内为马匹留出一个空间，这匹作为动力的马匹将在车上的一个内部传送带上行走，就像人们练跑步机一样，传送带会通过一个齿轮变速箱驱动中巴车的轮子，从而让汽车"开动"起来。

会用脑子的高尔夫球棒

如今不少人喜欢打高尔夫球休闲，一名发明家异想天开地发明出了一种会用脑子的高尔夫球棒。

一位名叫亚瑟·保罗·佩德里克的发明家设计了一种带有智能的照相传感器的高尔夫球棒，它能猜测一枚高尔夫球是不是会偏离路线飞得太远；如果发现高尔夫球将偏离路线，它就会释放出一股压缩空气，将高尔夫球快速落地，高尔夫球手就不需要到更远的地方寻找这枚高尔夫球了。

自动理发师

一名来自纽约的男子鲍恩发明了一种可以理发的头盔，只需 20 秒钟，便能瞬间剃头。2011 年 2 月，鲍恩在网络上上传了其发明的头盔剃头的视频。从外观上来看，有点像欧洲中世纪黑暗时代的出土物，带有 4 个刀片，由装在铝传感器上的两个马达驱动；同时配备理发乳液注入装置。头盔上还装有 LED 指示灯，显示理发结束时间。

鲍恩称这顶头盔不会让使用者受伤流血。且幸运的是，网络上的视频中那个胆大的试验者也并未被割伤。对于这项发明带来的好处，鲍恩指出："当你手工剃头时，你得前后左右来回移动，而这顶头盔的剃头效率是手工剃头的 4 倍。"

让神经现形的荧光液

美国加利福尼亚大学圣地亚哥分校科学家于 2011 年 2 月研制出一种神奇的荧光液体。这种液体可以注射到患者体内，使患者体内的神经发光，从而让通常不可见的神经现形。据介绍，这种液体是一种缩氨酸，可以帮助外科医生直接看清楚最敏感的神经，而不是像以前那样只能依赖于经验和电子检测设备。因此利用这种液体，可以在手术中避免因为意外伤害而导致神经疼痛或瘫痪等严重问题。

科学家表示，目前关于这种荧光液体的实验都是成功的。建筑工人在开始挖掘地面之前，需要清晰地了解地面之下埋设的电缆和管线。这种荧光液体在医学上的功能就类似于此。它是由美国加利福尼亚大学圣地亚哥分校医学院一个研究团队研制的。科学家们将荧光液

体注射进老鼠的体内后发现，缩氨酸在神经和其他组织之间形成了一种鲜明的对比。在医疗操作中，这种液体可以让手术更加容易。

帮你"省钱"的特殊钱包

针对圣诞购物季，美国一个设计师发明了 3 种能告诉消费者即时财务状况的智能钱包，希望能够帮助用户理性消费。其中一款钱包能根据用户银行存款变化而相应地发生膨胀或收缩；另外一款的特点是，钱剩得越少，钱包就越难打开；第三款钱包则能在用户消费时发生振动，钱花得越多，振动就越厉害。

发明者科斯特纳是如何做到这一点的呢？来自美国麻省理工学院媒体实验室的科斯特纳，在 3 款钱包里均安装了微型电脑，并通过蓝牙与用户的手机相连，进而经由互联网与用户的银行账号连接。这样，钱包就能随时了解用户银行账号里有多少钱，并做出相应反应。其中有一款叫孔雀钱包的，月初用户账号里有钱时，钱包就会鼓得满满的，类似孔雀开屏。而到了月末，用户账号里的钱都花光，钱包会完全收缩变平。

弯曲的自行车

2010 年 7 月，英国一位年轻设计师发明了"弯曲自行车"，它能够很好地防盗，因为该自行车可以折叠捆绑在街道路灯杆上。这位年轻设计师时年 21 岁，名叫凯文·斯科特。在发明弯曲自行车过程中，斯科特的目标是确保自行车所有部件都能在上锁范围之内。因为车身可弯曲，所以该自行车可以放在极小的空间里。这样，在伦敦繁忙的街道找个地方锁车就是一件轻而易举的事了，找个最近的路灯杆就可以。

　　这位年轻的设计师是德蒙特福德大学的毕业生。他利用一个棘齿系统制造车架。这种车架可以弯曲绕过一根柱子，形成一把"锁"，防止车架和车轮被盗。在设计这款自行车时，斯科特的目的就是保护"锁"内所有自行车零部件的安全，同时允许在狭小空间内安放自行车。他设计的车架可松可紧，绷紧时变成一辆正常的自行车，供车主骑乘，松开时则可以弯曲扣在一起，变成防盗车。

智能"洗狗机"

　　日本科学家 2010 年 3 月发明一种专门为狗洗澡的机器。主人只需将小狗放进这台"洗狗机"里，机器将自动给小狗洗澡。这台机器

让爱迪生为你鼓掌

看起来虽然像一台洗衣机，但绝不会对狗造成伤害。将小狗放进机器后，机器自动向小狗身上喷洒温水，然后喷沐浴露，接着将小狗身上的浴液冲洗干净，最后用热风吹干，整个洗涤过程约为30分钟。使用这种机器为小狗洗澡不仅方便快捷，而且实惠，只需要11美分。唯一的缺陷是，"洗狗机"的容积有限，个头儿太大的狗无法使用。

自动"洗狗机"的发明，为哪些喜欢养狗但又不愿经常给狗狗们洗澡的人带来了福音。你可以把狗狗当作衣服一样放进"洗狗机"里就可以了。

依靠舌头驾驶

残疾人控制轮椅一般要靠两只手，如果连手也失去能力该怎么办呢？美国科学家日前开发了一种微型磁铁感应装置，严重伤残人士只需动动舌尖，就能控制自己的轮椅和电脑，而不再需要借助别人帮忙。

据英国媒体报道，美国佐治亚理工学院戈万卢教授领导的研究小组将只有米粒般大小的磁铁植入残障人士的舌头下，当舌头移动划出磁迹，就会被使用者头部戴的磁场感应器接收到，并将无线电信号传送到一部安置在使用者衣服上或轮椅上的便携式计算机。更为神奇的是，电脑系统还能够根据程序辨认每个使用者独特的舌头运动方式。戈万卢说："使用者能够训练我们的系统辨认出舔每颗牙齿所代表的指令。"

戈万卢教授说："我们选择舌头来操作这个系统，是因为舌头是经由一条头盖骨神经与大脑直接相连，不像手脚是经由脊椎神经受大脑控制；头盖骨神经一般能避免受到严重的脊椎神经伤害或是神经肌病变所造成的损害。此外，舌头的动作快而准，不需要太多思考，也不需要或使太多力气。"

睡衣夹克的出现

这种称为"Excubo"的外套是由设计师马修·盖勒发明的，大小是蚕茧的 2 倍。"Excubo"在拉丁语中的意思是"我要在外面睡"，这种衣服不仅具有保暖功能，还能作为鸭绒垫子、睡觉单被、连指手套和枕头使用。这种灰色的外套有一个高高的硬领，这样可以使你在眼睛紧紧闭上睡得很香时，也不至于让头向四周滚动或是贴到邻近乘客的肩膀上。

这种衣服定会得到那些长途旅行者或者搭乘夜间行驶火车的人的注意和青睐。这种衣服的发明人是来自美国旧金山市的盖勒。他是在搭乘火车看到旅行者那种睡醒交替的难受劲儿，才有了发明这种衣服的想法的。他说："我们在飞机和公车上都曾有过那种很不舒服的打盹经历。这种衣服就是针对这些问题来发明的。衣服上的硬领可以盖住乘客的脸，翻领则可以当枕头用。衣服可以绷紧好让身体直立，而袖口则是敞开的，乘客睡觉时可以把手放入手套。"

人在火车上很容易打盹，但是这样做却很不舒服。然而现在却不同了，有了这种新型完美衣服的出现，乘客就可以在车上美美地睡上一觉了。

能够变身的裙子

考虑到女性躲避袭击的需要，日本设计师月冈公布了一件新作

让爱迪生为你鼓掌

品。这件构思巧妙的裙子从表面看很普通，但如果把它展开拉直，裙子会立即变身成饮料售卖机的模样。

31岁的月冈设计的这种裙子展开后是一个图案鲜明的可口可乐售卖机的正面照，和其他饮料售卖机非常相像。她认为日本许多城市街道旁边都有成排的饮料售卖机，这给伪装服提供了很好的机会。月冈女士称独行女子躲在这种伪装服后面可以避开潜在的攻击危险，而自己的设计灵感则来自日本忍者，这些人总是穿着黑风衣，在夜里不容易被发现。

"对日本人来说，隐藏起来要容易得多，大喊大叫是件很尴尬的事情。外国人可能会觉得这些想法很令人吃惊，但在日本却是事实。"月冈女士曾这样表示。

喷火摩托车

福尔泽最初尝试将火焰喷射器安装在山地自行车上，由于非常好使，他决定在自己的时速60英里（约合96.6千米）的摩托车上试一下。

福尔泽利用业余时间在家里的后花园对摩托车进行了改造。福尔泽的第一次尝试并未成功，摩托车开动时并不能喷射火焰，而第二次尝试同样失败，第三次尝试终于获得成功。只要一按安装在车把上的按钮，就会喷射12英尺（约合3.66米）长的火焰。科林表示，每当按下车把上的按钮将火喷出后，他便有一种做特工詹姆斯·邦德的感觉。不过，唯一的问题是，在风向不配合的情况下，骑着摩托车喷火可能会烤到自己。目前科林仍在做出调整，试图改变火苗的角度。

为此，他给摩托车加装了一个操纵杆，可以改变火焰喷射的角度。

按照英国法律，福尔泽不能骑着这辆可喷射火焰的摩托车在公路上行驶。如果福尔泽骑摩托在公路上喷射火焰，这相当于使用轻武器，可能会惹上很多麻烦。

蜡笔火箭

美国一位发明家嗜好制造导弹，目前他制造了一组外形像巨型蜡笔盒的火箭，其中包含着 8 枚不同颜色的火箭。这位发明家名叫约翰·科克尔。他最大爱好就是制造一些能够爆炸的物体。一位朋友说他制造的爆炸物颇似可乐拉蜡笔之后，他便开始建造蜡笔外形的火箭。1998 年，科克尔开始建造彩色火箭，从此他将大部分业余时间投入其中。2004 年 8 月，他又重新开始建造彩色火箭。目前这组 8 枚火箭最终建成。

科克尔表示，不久他将再次发射蜡笔形状的火箭。他说："当我还是孩子时，我就非常喜欢建造火箭。但 20 年未尝试这一体验之后，我发现自己的这一兴趣更加膨胀，对于大男孩来说，发射更大、更危险的火箭是件非常兴奋的事情！"

他指出，由于我的一个朋友指出我的火箭非常像蜡笔，因此我产生了制造蜡笔火箭的想法。它不仅是蜡笔火箭，而且是以或乐拉蜡笔作为蓝本的蜡笔火箭。在测试发射的时候，火箭上升至 892.45 米。

让爱迪生为你鼓掌

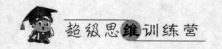

可以玩游戏的洗衣机

英国金斯顿大学 27 岁中国留学生李威晨最新设计一款"街头游戏洗衣机",能够将街头游戏机与洗衣机结合在一起。该机器的主体框架是一台游戏厅里的街头游戏机,上半部是一个投币游戏机,下半部是一个前置洗衣机。

当洗衣机处于洗衣周期之中,李威晨的这款街头游戏洗衣机就成为一款新颖的发明。李威晨是来自台湾的中国留学生。他将游戏机与洗衣机通过连线接在一起,因此洗衣机工作周期依赖于人们对街头游戏的熟练程度。

该游戏机设置了多种等级。如果人们游戏失败,洗衣机也同时停止运转,并拒绝重新启动,除非人们像街头游戏机那样投入硬币继续游戏。

李威晨设计这款新颖洗衣机的初衷是他意识到玩街头游戏浪费了部分宝贵时间,不妨将打游戏时间用于处理一些简单的家务工作。他说:"之前我发现在虚拟游戏世界中的技能对于现实世界是毫无用处的,我仅是想将一些必须处理的日常家务时间充分利用起来,变得生动有趣。"

当代版"诺亚方舟"

最近,日本一家公司开发出了一款现代化版本的"诺亚方舟"。在地震和海啸来袭时,它既可以经受撞击,也可以漂浮在水上逃生。自 3·11 日本大地震后,日本设计师就着手开发地震海啸时在第一时

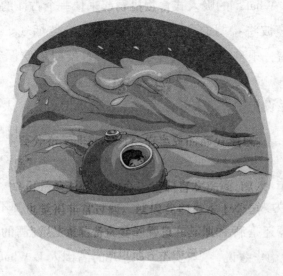

间有效逃生的装备。日本这家名为"宇宙力量"的公司近来发布的这款"避难球",外形类似一个巨大的网球的它,其实就是一个能够经受地震撞击、在水上漂浮的密封舱。

"宇宙力量"公司的社长表示,这颗密封舱由强化玻璃纤维打造,这个设计在安全性和耐用性方面已经经过了层层严格的测试。这个由该公司发明的逃生工具,直径约为 1.2 米,能容纳 4 个成年人避难。密封舱上的顶部则有个呼吸孔,还有个小小的瞭望窗,在海啸来时,躲在这样的圆球里面就可以漂浮在海面上,在让空气流通的同时,更能让避难者发现外界的救援情况。

把食物吸进来

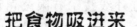

哈佛大学专攻气溶胶产品的教授大卫·爱德华兹日前公开了他发明的两台"吸入式食物机"。人们只要对着机器吸口气,嘴里就能尝到食物的味道。

名为"LeWhaf"的吸入式食物机看起来像一个古怪的鱼缸，内部装置利用超声波将特制的食物精华液转化成袅袅烟气。人们坐在旁边，只要拿着一根玻璃吸管吸食这些烟气，就能"吃"到美味的食物了。

爱德华兹设想说，"未来会出现无需碗筷的餐厅。人们走进一个房间，吸口气，吃了芹菜；走进另一个房间，再吸口气，就吃了牛排。"

据爱德华兹介绍，由于这些食物的烟气中所含热量极少，所以LeWhaf将成为人类极佳的减肥工具，不管怎么"吃"都不会变胖。

这种机器还是酒鬼的不二选择。"人们既能尝到酒的滋味，又不会喝醉！"爱德华兹说，"只要将50毫升的酒倒入LeWhaf，就能让使用者'喝上整整一壶'。"

可以测体温的"魔镜"

日本电气株式会社红外技术公司最近研发出一款"体温镜"，可以"照"出发热等流感症状。

这款"体温镜"配有内置体温计，可以在无需接触的情况下测出体温，使之成为方便快捷而且可重复使用的流感测量仪。日本电气株式会社计划于2011年售出5000面"体温镜"。

日本NEC亚飞梭红外线技术有限公司说，它所发明的"体温镜"，就像是一面小镜子；它可在不需要接触的情况下，测量出照镜人皮肤的温度。

报道称，镜面上会显示镜中人体温的度数。如果照镜子的人发热了，镜子就会发出声音提醒你。

日本电气株式会社表示，这款"体温镜"可在公司接待处、学校、医院以及其他公共场所使用，而且还可以替代机场使用的更昂贵的体温测量仪。很多机场目前使用热成像摄像机来检测发热旅客，禁止其登机，因为狭小的机舱极易传播疾病。

魔杖遥控器

英国发明家最新研制设计的"魔杖"遥控器一举成名。在英国广播公司《龙穴之创业投资（Dragons' Den）》真人秀节目中获得了迄今最大的订单——90万英镑。该装置类似于科幻电影中哈利·波特所使用的魔杖，但事实上它是一个无按钮通用遥控器，仅需动动手腕即可控制任何红外设备。这款魔杖遥控器不仅能调换频道，还可通过13种不同手势调节音量或者暂停DVD播放。这根魔杖遥控器长35厘米，使用起来十分便捷。单价为49.95英镑的凯梅拉魔杖可用于电视机、HIFI音箱、DVD机、便携式电脑以及灯开关和窗帘等遥控装置。这种遥控技术类似于任天堂Wii游戏机，它能够识别现有遥控装置的13个红外代码，并分别将每个红外代码指定特定的手势。

让爱迪生为你鼓掌

奇妙的雨伞

美国佛蒙特州的一家公司称，他们发明了一种牢不可破的雨伞。它不仅可以遮风挡雨，而且还是上好的防身"武器"。据悉，这种神奇雨伞已经开始风靡欧洲，而每把只要125英镑（约合1 393.75元人民币）。这种雨伞由高科技的钢铁制造而成。尽管重量仅为775克，但却可以承担一名成年男子的体重，而且坚硬程度就如一根钢管。在

公司的推销视频中，一位西装革履的中年男子手持雨伞，轻而易举就把一个西瓜劈成了两半。

机器人帮手

日本研究人员成功发明一种帮助人们从事体力劳动的特殊服装。穿上这种由电子机械设备组装而成的"衣服"，人在劳动时仿佛多了一个机器人帮手，就像在人体上附上了一个机器人。发明这种"附体机器人"的是日本东京大学的研究人员。这种机器人由8个马达和16个传感器组成，重约25千克。"附体机器人"身上有的设备与地面接触，所以能承担自身大部分的重量，人们穿上它也不会觉得很重。

当代版"蜘蛛侠"

科学家杰姆·史坦菲尔德利用巨型吸力真空手套便可轻松地爬上外部光滑的 BBC 大楼，并且他的速度比普通攀爬方式略快。史坦菲尔德将家用电器的发动机安装在巨大的吸尘器垫上，然后利用这样的装置爬上约30英尺（9.14米）高的墙。此举引来了众多好奇者的围观。他称："我将后垫设计成茶盘大小，并将其与吸尘器管口相连，这样它们能给墙一个足够的压力用于支撑我。诸如这种类型的运动可以告诉孩子们，如果对周围的世界足够了解，就可以让它们为你服务。"

新型的遥控器

日本大阪大学科研人员发明了一种新型遥控器，帮助人们通过脸部肌肉活动来操控各类器材。该产品名为"MimiSwitch"或"Ear Switch"，其外形很像普通的耳筒，内有一套红外线感应器，能够测量脸部各种细微活动导致的耳内变化。感应器又同一个微型电脑衔接，通过这电脑操纵各类家电器材。操控者只要嘴巴动一动，就能开亮电灯或启动洗衣机；伸一伸舌头，就能指示你的 iPod 开始或停止播放音乐；再把眼睛睁一睁，iPod 就会改播另一首歌。

隐形斗篷

德国科学家研制出一种通过弯曲光线来隐藏物体的三维"隐形斗篷"。这项发明为大型物体隐形铺平了道路，但研究人员称，目前他们并不想去猜测可能的应用形式。德国卡尔斯鲁厄理工学院的研究人员托尔加·埃尔金说："目前，这种隐形斗篷只是光学领域一个'惊艳'的开始，让人们知道转换光学可以做些什么。"

自制的火箭

据英国媒体报道，英国索尔福德市的一名男子自制火箭，宣称要在 5 年内送游客上太空。现年 43 岁的史蒂夫·本尼特，是两个孩子的父亲。儿时受电视剧《雷鸟》和登月的影响，是一名火箭爱好者。

让爱迪生为你鼓掌

他曾是一名牙膏技师，后改行成业余火箭科学家。其自制的"新星2号"，虽达不到美国宇航局的标准，但或许可以帮助平凡人实现遨游太空的梦想。他自制的"新星2号"重1000千克，57英尺（17.37米）长，在2012年9月进行第一次无人试飞。据悉，它能在3分钟内飞向12万英尺（36.58千米）的高空，是飞机巡航高度的3倍。如果发射成功，一个更为强劲的姐妹号火箭"雷星"将在2015年前送游客上太空。目前，已经有两名英国人交付25万英镑来预订这一业余太空飞行游。届时将由班尼特亲自执行这一飞行任务，他将其称之为"直上直下的飞行"。

第二章　古老发明

火药的发明

我国西汉时期的汉武帝，他很想能够长生不老。一天，他召集了所有文武大臣，让他们给自己想办法。

一个叫李少君的方士向皇上建议道："陛下如果吃了炼成的仙丹，就一定能够长生不老，赛过老神仙。"

汉武帝听了，非常高兴，马上就相信了李少君的话。下令全国的方士都行动起来，为他炼制仙丹。在当时，炼丹的主要原料是硫磺、硝石和木炭。炼丹的方士们，天天守在炼丹炉旁，脑子里想的都是如何炼制仙丹。谁知，炼丹炉里不但没有炼出仙丹，却常常发生爆炸，甚至一些方士把自己都炸伤了。为什么会造成爆炸呢？原来，当方士们将硝石、硫磺和木炭配成一定的比例时，无意之中就制成了炸药。军事家听说了爆炸的事情后，对此产生了非常浓厚的兴趣。他们按照方士的做法，把硝石、硫磺和木炭的比例分别控制在 75%、10%、15% 左右，终于制成了世界上最早的黑色火药。

指南针的发明

春秋时期，人们已经可以把硬度 5 度至 7 度的软玉和硬玉琢磨成各种形状的器具，因此也能把硬度只有 5.5 度至 6.5 度的天然磁石制成司南。东汉时的王充曾在他的著作《论衡》中对司南的形状和用法做了详细的记录。司南是利用整块天然磁石经过琢磨制成勺型，勺柄指南极，并使整个勺的重心恰好落到勺底的正中，将勺置于光滑的地盘之中，地盘外方内圆，四周刻有干支四维，合成二十四向。这样的设计是古人认真观察了许多自然界有关磁的现象，积累了大量有关的知识和经验，经过长期的研究才完成的。司南是人们对磁体指极性认识的实际应用。

但司南也有很多缺陷，天然磁体并不常见，而加工时容易因打击、受热而失去部分磁性。所以司南的磁性比较弱，而且它与地盘接触处必须非常光滑才行，否则会因转动摩擦阻力过大，而无法旋转，从而无法达到预期的指南效果。而且司南有一定的体积和重量，携带很麻烦，这可能是司南长期无法得到广泛应用的主要原因。

蔡伦与造纸术

据考古发现，我国大约在公元前 1 世纪，就已经有了纸，只不过这时的纸只是纺织业漂絮沤麻的副产品，质量很差，产量也低，而且还不能用于书写。直到东汉时期，蔡伦在前人经验的基础上，对造纸术进行了大胆的改革与创新。除了使用麻作原料之外，还采用树皮等含有纤维的东西。并采用石灰碱液蒸煮的加工技术，从而最大限度地提高了纸的产量和质量。此后纸张开始逐渐代替竹帛，并在全国推广。公元6世纪后，我国的造纸术传到外国，使朝鲜、日本、阿拉伯、欧洲等地先后学会了造纸术。纸从此成为传播文化、交流思想的重要工具。

活字印刷术的发明

隋唐时期出现了雕版印刷，但它费工、费时，又不经济，印刷术的改进创新成为发展的必然趋势。北宋的平民毕昇发明了活字印刷术。

毕昇的方法是这样的：先用胶泥做成一个个规格一致的毛坯，然后在一端刻上反体单字，字画突起的高度就和铜钱边缘的厚度一样，用火将它烧硬，成为单个的胶泥活字。为了适应排版的需要，一般常用字都要备有几个到几十个，以备同一版内重复的时候使用。如果遇到不常用的冷僻字，如果事前没有准备，随时可以制作。为便于拣字，把胶泥活字按韵分类放在木格子里，贴上纸条标明。排字的时候，用一块带框的铁板作底托，上面敷一层用松脂、蜡和纸灰混合制成的药剂，然后把需要的胶泥活字拣出来一个个排进框内。排满一框就成为一版，再用火烘烤，等药剂稍微熔化，用一块平板把字面压平，药剂冷却凝固后，就成为版型。印刷的时候，只要在版型上刷上墨，覆上纸，加一定的压力就行了。为了可以连续印刷，就用两块铁板，一版印刷，另一版排字，两版交替使用。印完以后，用火把药剂烤化，用手轻轻一抖，活字就可以从铁板上脱落下来，再按韵放回原来木格里，以备下次再用。毕昇还试验过木活字印刷，由于木料纹理疏密不匀，刻制困难，木活字沾水后易变形，以及和药剂粘在一起不容易分开等原因，所以毕昇没有采用。

毕昇的胶泥活字版印书方法，如果仅仅印个两三本，不算省事，但是要印成百上千份，那工作效率就极其可观了，不仅可以节约大量的人力物力，而且可以大大提高印刷的速度和质量，比雕版印刷要优越得多。

"王冠瓶盖" 的发明

很多啤酒瓶或可乐瓶子的盖子都是一个倒扣的像皇冠一样的盖子。关于它的发明，还有一个故事呢。

潘特是美国的一位机械师，他每天工作很辛苦。一天，潘特下班回到家后，感到又累又渴，于是他拿起一瓶苏打水，刚打开瓶盖，便闻到一股怪味，瓶口的边缘还有一些白色的东西。因为天气太热，瓶盖又盖不严，所以苏打水已经变质了。

虽然这只是件小事，但潘特却联想到当时很多瓶盖都是螺旋形的，这种瓶盖不仅制作麻烦，而且还盖不严，饮料也很容易变质。于是他便收集了大约 3 000 个瓶盖来研究。虽然瓶盖是个小东西，但做起来却很费劲。由于潘特以前也没接触过瓶盖方面的知识，所以一时也没想出好主意。

一天，妻子发现潘特很郁闷，便对他说："盖紧瓶盖真的有那么难吗？你可以试着把瓶盖做得像王冠一样，再往下压一压啊！"

听了妻子的话，潘特高兴极了："对啊！可以试一试。我怎么没想到呢？"他立刻找来一个瓶盖，把瓶盖的四周压出褶皱，看起来的确很像王冠，然后再把盖子盖在瓶口，最后使劲一压。瓶盖果然盖得很紧，简直是滴水不漏。

潘特发明的瓶盖很快便投入生产，并得到广泛使用，直到今天，"王冠瓶盖"在我们的生活中依然随处可见。

地动仪的发明

张衡一生最有名的发明就是地动仪了。那个时期，经常发生地震。有时候一年好几次。发生一次大地震，就会给老百姓和国家带来巨大的损失和伤害。

当时的皇帝和百姓都把地震看作不祥之兆，以为是鬼神造成的。张衡却不信邪，他对记录下来的地震现象经过细心的考察和试验，发明了一个能测出地震的仪器，叫作地动仪。

地动仪是用青铜制造的，外形像一个酒坛，四围铸着8条龙，龙头伸向8个方向。每条龙的嘴里含着一颗小铜球，龙头下面蹲了一只张着大嘴的蛤蟆。哪个方向发生了地震，朝着那个方向的龙嘴就会自动张开来，把铜球吐出。铜球掉在蛤蟆的嘴里，发出响亮的声音，就告诉人们那边发生地震啦。

公元138年2月的一天，地动仪正对着西方的龙嘴忽然张开来，吐出了铜球，这是报告西部发生了地震呀。可是，那天洛阳一点地震的迹象也没有，更没有听说四周的什么地方发生了地震。于是，朝廷上下都议论纷纷，说张衡的地动仪是骗人的玩意儿。过了没几天，有人骑着快马来向朝廷报告，离洛阳1000多里的金城、陇西一带发生了大地震，连山都有崩塌下来的。大伙儿这才真正地信服了。

张衡后来在政治上并不顺利，但是，他的这些科学发明和实验在我国科学史上留下了光辉的一页。

让爱迪生为你鼓掌

锯子的发明

春秋战国时期，我国有一位创造发明家叫鲁班。两千多年来，他

的名字和有关他的故事，一直在人民当中流传着，后代土、木工匠都尊称他为祖师。

鲁班大约生于公元前507年，本名公输般，因为"般"与"班"同音，是春秋战国时代的鲁国人，所以又称之为鲁班。他主要是从事木工工作。那时人们要使树木成为既平又光滑的木板，还没有什么好办法。鲁班在实践中留心观察，模仿生物形态，发明了许多木工工具，如锯子、刨子等。鲁班是怎样发明锯子的呢？

相传有一次他进深山砍树木时，一不小心，脚下一滑，手被一种野草的叶子划破了，渗出血来。他摘下叶片轻轻一摸，原来叶子两边长着锋利的齿。他用这些密密的小齿在手背上轻轻一划，居然割开了一道口子。他的手就是被这些小齿划破的。他还看到在一棵野草上有条大蝗虫，两个大板牙上也排列着许多小齿，所以能很快地磨碎叶片。鲁班就从这两件事上得到了启发。他想，要是有这样齿状的工具，不是也能很快地锯断树木了吗？于是，他经过多次试验，终于发明了锋利的锯子，大大提高了工效。

鲁班给这种新发明的工具起了一个名字，叫作"锯"。

最古老的劳动工具

制造与使用工具，是人和动物的本质性区别。有了工具，就意味着对自然的改造，意味着生产的开始。因此，人类的文明史，首先就是制造和使用工具的历史。

那么，人类最早创造的工具是什么呢？是石器。

据推测，人类形成的过程中，在长期使用天然木棒和石块来获取食物和防卫时，偶尔发现用砾石摔破后产生的锐缘来砍砸和切割东西比较省力，从而受到启示，便开始打击石头，使之破碎，以制造出适用的工具。

就世界范围看，人类开始制造工具大约是在 300 万年前。最早的工具大概没有什么标准的形式，一物可以多用。坦桑尼亚奥杜韦峡谷发现的最早石制工具，大约距今 200 万年，其典型的石器是用砾石打制的砍砸器。

在旧石器时代，制作石器最原始的办法，是把一块石头加以敲击或碰击使之形成刃口，即成石器。打制切割用的带有薄刃的石器，则有一定的方法和步骤：先从石块上打下所需要的石片，再把打下的石片加以修整而成石器。初期，石器是用石锤敲击修整的，边缘不太平齐。到了中期，使用木棒或骨棒修整，边缘比较平整了。及至后期，修整技术进一步提高，创造了压制法。压制的工具主要是骨、角或硬木。用压制法修整出来的石器已经比较精美。

让爱迪生为你鼓掌

到新石器时代，石器制造技术有了很大进步。首先，对石料的选择、切割、磨制、钻孔、雕刻等工序已有一定要求。石料选定后，先打制成石器的雏形，然后把刃部或整个表面放在砺石上加水和沙子磨光。这就成了磨制石器。

磨制石器与打制的石器相比，已具备了上下左右更加准确合理的形制，其用途趋向专一；增强了石器刃部的锋度，减少了使用时的阻力，使工具能发挥更大的作用。

穿孔技术的发明是石器制作技术上的又一重要成就，它基本上可分为钻穿、管穿和琢穿3种。钻穿是用一端削尖的坚硬木棒，或在木棒一端装上石制的钻头，在要穿孔的地方先加些潮湿的沙子，再用手掌或弓弦来转动木棒进行钻孔。管穿是用削尖了边缘的细竹管来穿孔，具体方法与钻穿相同。琢孔，即用敲琢器在大件石器上直接琢成大孔。穿孔的目的在于制成复合工具，使石制的工具能比较牢固地捆缚在木柄上，便于使用和携带，以提高劳动效率。

新石器时代的石器种类大大增多。早期遗址中大量出土的农业、手工业和渔猎工具有斧、锛、铲、凿、镞、矛头、磨盘、网坠等，稍后又增加了犁、刀、锄、镰等。

原始社会时期生产工具的改进，增强了人们向自然界作斗争的能力，社会生产和生活的天地变得日益广阔起来。但由于当时人们所能支配的物质只不过是石、木、骨、角和利用天然纤维简单加工而成的绳索等，这就限制了工具的创造和发展。

最早的计算工具的诞生

最早的计算工具诞生在中国。

中国古代最早采用的一种计算工具叫筹策，又叫算筹。这种算筹多用竹子制成，也有用木头、兽骨充当材料的，约270枚一束，放在布袋里可随身携带。

直到今天仍在使用的珠算盘，是中国古代计算工具领域中的另一项发明，明代时的珠算盘已经与现代的珠算盘几乎相同。

17世纪初，西方国家的计算工具有了较大的发展。英国数学家纳皮尔发明了"纳皮尔算筹"；英国牧师奥却德发明了圆柱形对数计算尺，这种计算尺不仅能做加减乘除、乘方、开方运算，甚至可以计算三角函数、指数函数和对数函数。这些计算工具不仅带动了计算器的发展，也为现代计算器发展奠定了良好的基础，成为现代社会应用广泛的计算工具。

1642年，年仅19岁的法国伟大科学家帕斯卡根据算盘的原理，发明了第一部机械式计算器。在他的计算器中有一些互相连锁的齿轮，一个转过十位的齿轮会使另一个齿轮转过一位，人们可以像拨电话号码盘那样，把数字拨进去，计算结果就会出现在另一个窗口中，但是只能做加减计算。1694年，莱布尼兹在德国将其改进成可以进行乘除的计算。此后，一直到20世纪50年代末，才有电子计算器的出现。

安全剃须刀的发明

全世界平均每两个男人中就有一个是吉列公司的顾客，因此流传着这样一句话："吉列掌握了全世界男人的胡子。"

旧式的剃须刀很容易弄伤人的脸，甚至留下瘢痕。但自从吉列发明了安全剃须刀后，这种情况得到了大大的改善。

吉列出生在美国芝加哥的一个商人家庭，16岁时便做了一名推销员，直到40岁时，他的事业依然毫无起色。一天，吉列要去见一位

让爱迪生为你鼓掌

重要客户，当然要打理好自己的仪表，于是他拿出剃须刀刮胡子，尽管吉列很小心，但脸还是被刮破了。吉列想："如果有一种安全剃须刀就好了，这样的情况就不会发生了。"从那以后，他便决心要发明一种安全的剃须刀。

吉列买来各种制作剃须刀的工具和材料，开始了实验。如果想使刀片用完就扔，那刀片和刀柄就要分开。这样当刀片钝了的时候，换上新的就可以继续用，剃须刀的成本也就降低了。吉列画了大量的草图，把刀柄设计成小圆柱形，上方留一个凹槽，用来固定刀片。刀片用很薄的钢片制成，把刀片放进凹槽时，刀刃留在外面，这样刀刃和人的脸部形成一定角度，因此不容易刮破脸。吉列把自己的新发明用在自己和亲朋好友的脸上，取得了很好的效果。

经过推广，吉列发明的安全剃须刀赢得了很多人的喜爱，并被推广到世界各地。吉列成立了自己的公司，专门生产吉列剃须刀。今天，吉列剃须刀发展成了世界著名的剃须刀品牌。

华佗与五禽戏

一次，华佗看到一个小孩抓着门闩来回荡着玩耍，便联想起"户枢不蠹，流水不腐"的道理，于是想到人的大多数疾病都是由于气血不畅和瘀寒停滞而造成的，如果人体也像"户枢"那样经常活动，让气血畅通，就会增进健康，不易生病了。

于是，华佗有时间就专心致志地研究锻炼身体的方法，参照当时古人锻炼身体的"导引术"，不断琢磨改进，根据各种动物的动作，创造一套模仿虎、鹿、猿、熊、鸟5种动物的拳法。这套拳，模仿猛虎猛扑呼啸，模仿小鹿愉快飞奔，模仿猿猴左右跳跃，模仿黑熊慢步行走，以及模仿鸟儿展翅飞翔等动作，通过这一系列的运动，能清利头目，增强心肺功能，强壮腰肾，润滑关节，促进身体素质的增强，简便易学，不论男女老幼均可选练，先可练单项的，待体质逐渐增强后再练全套动作。五禽戏不仅具强身延年之功，还有祛疾除病之效。正如华佗所说："体有不快，起作禽之戏，怡而汗出……身体轻便而欲食。"近年来五禽戏作为康复医疗的一种手段，已广泛应用于脑卒中后遗症、风湿性关节炎、类风湿性关节炎、骨质增生症、脊髓不全性损伤等患者的辅助治疗。

鱼钩的发明

在欧洲，鱼钩大约是新石器时代的一项发明。在黑海和亚得里亚海之间的勒平斯基维尔有个沿河的居民点。考古学家在这里发掘到大堆大堆的厨房垃圾，其中有许多鱼骨头；鱼钩也在这大堆发掘物中被发现。

在巴基斯坦，可能早在1万年前就有了用弯曲的骨头做成的鱼钩。这时，苏丹的查赫纳布已有用尼罗河牡蛎的壳做成的鱼钩。澳大利亚的土著也能用贝壳来做鱼钩。

随着各种金属的出现，鱼钩就用金属来做了。约公元前3800年的多瑙河下游的博伊文化活动中已有了用铜丝做的鱼钩。这些鱼钩像以前的鱼钩一样没有倒钩。

有倒钩的鱼钩是什么时候出现的呢？这因地区的不同而不同。在巴尔干半岛的西部是大约公元前3000年出现的。北欧在青铜时代的晚期才出现金属鱼钩。

没有倒钩的鱼钩怎样穿诱饵呢？最初的鱼钩不过是一根两头尖的小绳针，绳针就拴在诱饵旁边。钓鱼的人指望鱼在吃诱饵时会卡住鱼鳃，这样就能把鱼钓上来了。这种鱼钩至今还有人用。例如现在的因

纽特人使用的鱼钩，就是一根两头尖的碎骨。美洲西北海岸的努特卡印第安人，至今还使用木制鱼钩钓大马哈鱼。这种木制鱼钩呈锥形，上面有个沟槽。在沟槽处捆着一个骨制倒钩。

直到17世纪才发明钓竿上的绕线轮。在此以前，钓到鱼时必须用手一下一下地收水里的钓鱼线。当然，用渔网捕鱼要省事得多，而使用渔网捕鱼是中世纪欧洲渔业的特点。

酿酒技术的出现

酿酒技术有着漫长的历史。在农业出现之后，人们在储存粮食时，由于设备简陋受潮发酵，或者吃剩下的食物因搁置久了而发酵。淀粉受微生物的作用发酵，引起糖化和产生酒精，这就成了天然的酒。当人们有意识地让粮食发酵来获取酒浆时，酿酒技术便开始了。

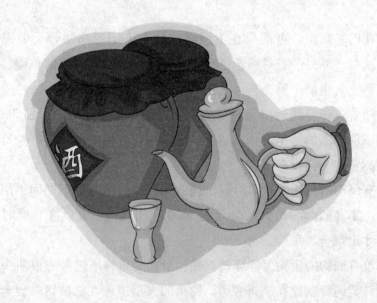

中国是酿酒技术出现最早的国家。早在新石器时代晚期，中国就出现了用谷物酿酒技术。到商、周时期，农业生产逐渐发达起来，谷物酿酒就更普遍了。商代饮酒之风很盛，所遗留下来的酒器非常多。

周代设有专管酒的官吏叫酒正，据《周礼·天官冢宰》记载，酒正"掌酒之政令……辨五齐之名：一曰泛齐，二曰醴齐，三曰盎齐，四曰醍齐，五曰沉齐。"有人认为"五齐"是酿酒过程中的5个阶段："泛齐"是发酵开始时产生二氧化碳气体，把部分谷物冲到液面上来；"醴齐"阶段逐渐有薄薄的酒味了；气泡很多，还发出一些声音，是"盎齐"阶段；颜色改变，由黄到红为"醍齐"阶段；气泡停止，发酵完成，糟粕下沉就是最后的"沉齐"。也有人把"五齐"解释为5种原料不同的酒。总之，总结出"五齐"，说明酿酒技术有了提高。

用谷物酿酒，谷物里的淀粉质量需要经过糖化和酒化两个步骤才能酿成酒。曲能把糖化和酒化结合起来同时进行。利用曲来酿酒，是我国特有的酿酒方法。几千年来，制曲技术得到不断发展，新曲品种不断发现。酿酒技术本身也以原料的不同和比例的差别而有种种方法。到明代《本草纲目》中记载有70种普通酒和药酒的制法了。欧洲到19世纪90年代，才从我国的酒曲中得出一种毛霉，在酒精工业上建立起著名的淀粉发酵法。

孔明灯的由来

孔明灯又叫天灯，相传是由三国时的诸葛孔明所发明。所以叫孔明灯，一是做出来后的天灯有点像孔明先生所戴的帽子，二是我们的民间是这样讲述孔明灯的由来的。当年孔明被司马懿围困，全军上下束手无策，诸葛亮妙计一出，命人拿来白纸千张，糊成无数个天灯，

再利用烟雾向上的引力带着它们升空，一个个小小的天灯升起，加上营内的人咋呼着："诸葛先生坐着天灯突围啦!"司马懿竟然信以为真，被蒙骗了过去。此计救了诸葛先生一命。

避雷针的出现

300多年前的欧洲非常流行用电来做实验。不仅专门研究电的科学家这样做，甚至连普通人都喜欢用电做各种实验。富兰克林就很热衷于做这些实验。

在实验过程中，他发现了大自然的闪电与电的关联。在雷电闪过的瞬间，会同时向四面八方放电。富兰克林不是一个保守的科学家，他把自己的新发现告诉了全世界。

很多人为了捕捉到天上的闪电，纷纷跑到雷电交加的野外去验证富兰克林的结论。这可是一件很危险的事情，稍不留神就会被闪电击中毙命。短短的时间里，就有好几个人因为做雷电实验而身亡了。

富兰克林觉得不能再这样继续下去，应该找到躲避雷电的方法。

"闪电瞬间产生的电的威力太大了。要是能把闪电产生的威力减小，人被雷击中后，也许能活命吧?"

"对了，把雷电转移到别的地方，就能减小雷电的力量了。"

经过反复试验，富兰克林终于发明了避雷针。它的作用就是在雷电袭击人类之前，把云中的电荷吸收并导入地下。

富兰克林发明的避雷针，不仅能使人类免受"雷公"肆虐之苦，也能使高大的建筑物免受雷电的袭击。

肥皂的由来

古埃及时期，有一回，法老胡夫要举办一个盛大的宴会。他让手下人告诉厨子们，好好干，不能出一点岔子，不然，会有严厉的惩罚在等着他们。当然，要是工作出色的话，也会有大大的奖赏！厨子们当然想得到法老的奖赏了，所以，他们特别卖力，忙得团团转。

有一个10岁左右的小帮工，刚刚到宫里的厨房来帮忙。跟着师傅们从早忙到晚，累得头昏眼花，也不敢坐下来休息一下，就怕管事的说他干活不努力，不要他。

这天，小帮工正忙得不可开交，听见一个厨师在喊："我要羊油，快给我送过来！"小帮工赶紧捧着一碗羊油走过去。也许是因为他太着急了，加上装羊油的碗很滑，小帮工刚把碗端到灶旁，只听"啪"的一声，碗从他手中滑落，掉在灶边的炭灰里。小帮工吓呆了，不知道该怎么办！

师傅一点也没有责怪他，悄悄地说："别慌，把破碗丢到垃圾箱里去，再把这堆炭灰清理掉，然后把手洗干净，别让人看出来。"

小帮工点点头，赶紧按师傅说的做。丢碗很方便，谁也没注意他；清理炭灰也很快。当他把混有羊油的炭灰，一把一把地捧出去的时候，大家都以为他在清理炉灰。

干完这一切，他赶紧去洗手。用水清洗的时候，手上竟然出现一些白糊糊的泛着泡沫的东西。他觉得奇怪，又用水冲了冲，哈，这回洗过的手特别干净，一点油腻也没有。

他去给师傅看他的手，师傅惊讶极了。以往，厨子们最头疼的事，就是一双手整天油腻腻的。现在，小帮工的手清清爽爽，好像还泛着一种特别的白光。别的厨子看见了，很好奇，他们问了缘由，也

让爱迪生为你鼓掌

用羊油和炭灰的混合物来洗手。真神，手上的油渍没有了。一个厨子高兴地说："多少年了，我们的手从来没有这么干净过。往常连我的孩子都不要我抱！今天回家的第一件事，就是抱着孩子不放手。"说得大家都笑了。

后来，这件事传到法老那儿。法老特地叫来小帮工。他看到小帮工的手也感到很惊奇，便派人用羊油和炭灰做成一个个小小的球状体，供宫里的人用，效果真的很不错。法老非常满意。于是发布命令，在全国推广使用。从此，每个人的手，都能洗得干干净净的了。

渐渐地，这件怪事越传越远，用的人也越来越多。后来，科学家发现了其中的奥秘，技术又不断得到改进，方便实用的肥皂便诞生了，它不仅可以储藏，运输也很容易。

一直到现在，洗涤剂已发展成多种多样，肥皂只是其中的一种。但谁能想到，肥皂最早的出现，竟是小帮工一次小小的失误呢！

化妆品的使用

化妆品的出现与使用是很久以前的事了。最先使用化妆品的记载来自埃及，时间大约在公元前 3750 年。

若干世纪以来，化妆品的技术并没有多少改变，但用来化妆的原料却有了极大的改变。古代埃及的妇女们主要是用方铝矿和石青画眼睛，用红色的赭石来涂脖子，用染成黄褐色的乳脂来涂脸、脖子和手。此外，眉毛要拔掉，再画上长长的假眉。

在乌尔城的一个墓葬里，曾出土了约为公元前 4000 年的口红和一个金质的化妆盒，盒子里有修剪指甲的工具。当时，不仅妇女化妆，男人也要化妆。他们"用毛笔来画眼睛，用胭脂来擦脸，还戴着假发"。如亚述国王那漂亮的胡子就是假的，就像 17 世纪和 18 世纪的假发一样，它是王权和地位的象征。

专门写讽刺诗的诗人马提阿尔于公元 1 世纪的后期在写给友人的一封信中说："我不让你烫发……你的胡子既不要像亚洲人那样带女人气，也不要弄得像个犯人似的。"由此可见当时男人也是讲究修饰的。

在西欧，后来从东方进口了化妆品和香水，从而丰富了化妆品的种类，有钱有势的人能购买或调制各种稀奇的化妆品。对于化妆品的使用，当时也有反对的意见。例如在英国国会就有议员提出议案，要求禁止"借助于人工美去诱惑异性"。尽管如此，到 18 世纪，人们都把化妆当成了理所当然的事情。到 19 世纪，法国已在科学的基础上开始了香水和美容产品的生产。很快地，各个阶层的大多数妇女都接受了化妆品，而且经常使用。

筷子的发明

我们的祖先发明筷子与食物有关。汉民族很早就开始了农耕生活，主要作物是适应性强的谷子，即栗。栗类粮食有两大特点，一是颗粒小，二是粗糙的外皮不易被除去。在最初的时候，我们祖先可能是将脱壳后的籽实小米捣碎煮粥食用的，往往还要掺杂一些野菜、树叶之类一起煮，以便改善口味，并节约粮食。据有人研究，"茶"字的原始意义是掺有野菜和树叶的粥状食物。至今在西北地区还有一种叫作"油茶"的食物，用羊油把面粉炒熟，再掺上一些甜杏仁之类的东西，食用时用热水一冲即可。

在这里，"油茶"一词中的"茶"就是使用的它最原始的意义。广东人至今把吃早点叫作"吃早茶"，实际上也是使用"茶"比较原始的意义。在湖南口音中，"吃"字读作"恰"，很接近"茶"字读

让爱迪生为你鼓掌

音。在华北一些地区，把"熬玉米粥"称为"馇黏粥"，同样，"馇"与"茶"同音。这些现象都说明"茶"原本是一种食物。茶吃起来比较费事，其中的野菜和树叶之类会妨碍茶的流动，而不容易把茶喝进口中。这是我们的祖先发明筷子的关键所在。

西方人最早是游牧民族，食物是烤熟煮熟的肉块，可以切成小块拿在手中进食。印度人的主要食物是稻米，容易去壳，可以蒸煮成团，同样可以用手抓着进食。我们祖先的日常食物是茶，是一种黏稠的半流质食物，不能用手抓着吃，也不能用手捞食其中的野菜和树叶。可能有一个聪明的古人顺手取来小木棍儿之类的东西试着把野菜或树叶拨入口中，这就是筷子的最初形式。筷子最早的称呼是"箸"，箸字的繁体为"筯"。

从读音和字形上，就可以看出，筷子最原始的作用是帮助进食，

并非必不可少的进餐工具。但那时的小木棍儿之类还不能称之为筷子，筷子之所以称筷子，主要在于人们必须具有使用筷子的技术，而用筷子的技术则须经过刻苦练习才能掌握。我们的祖先发现用小木棍儿之类拨食茶中野菜树叶的方法之后，就纷纷模仿，最后把小木棍儿的数量固定为两根。熟能生巧，古人们使用小木棍儿的技艺越来越高，直到把两根小木棍儿使得上下翻飞，巧得如同自己的十指一样灵活自如，筷子就正式成为进食工具了。

水井的由来

水是人类生存最宝贵的资源。离开了水，生命之树就会枯萎。在没有学会挖井之前，人类只能是逐水而居，这必然大大限制了人类活动的范围，而自从有了井，人类的足迹就踏遍了天涯海角。因此，井的发明对于人类社会的发展无疑具有特别重要的意义。

井的出现经历了漫长的岁月。最初，人们逐水而居，为了使泉水不受污染和便于打水，开始学会用石头筑坝和用木制的套筒引水，形成"奶头"泉或闭合泉。欧洲的大多数所谓"圣井"，实际上就是这种闭合泉。

但泉水长期使用后会变小，这时人们就考虑到将它扩大，于是有了挖井的最初意向。在长期实践中人们又认识到，在有的干涸的河床上挖坑后也能出水。于是逐步形成了在地表下面取水的概念。

人们还观察到，地表下面有水的地方，会发生超出一般水平的凝聚现象：早晨有水汽从地面升起，需要大量水分的植物生长茂盛，等等。于是人们又学会了选择挖井的正确地点。

最初的井可能只用石头砌成而没有内衬。后来井挖得深了，为了防止倒塌，于是开始用修琢过的石料、砖和木头来做内衬。巴基斯坦的昌杜达罗和莫亨乔达罗的一些井可能是目前所知的最古老的井，其中最早的约出现在公元前 3000 年。这些井用设计得很好的楔形砖砌成。用砖做顶盖，周围用砖铺平，以便于放置汲水罐。这种造井的方法逐渐向西方传播，到公元前 2000 年，在中东的埃及和迦南挖的水井已深达 200 余英尺，开罗的雅各井接近 300 英尺。

这些水井都有围栏，以防人和东西掉进去。但在地下水接近地面的地方或在农村，可能至多有一个低矮的井台。人们天天都要打水，日久天长，绳子便在井沿上磨出了沟槽。但是，如果水井的内径大，井又很深的话，常常修有石级，一直下到水面。建于 1527 年的奥尔维托地区的桑帕特里齐奥大井就是这样造的。它有一个双螺旋形的盘梯，连骡子也能沿着盘梯一直下到井底。

所有这些井都是人力挖的。直到 17 世纪才出现钻井的方法。最先钻井的是意大利人。他们用手钻钻井，但开始也要先挖到相当深度，然后才试着钻下去。

国际象棋

国际象棋作为一项重要的国际性体育竞赛项目，它的起源有着悠久的历史。正因为如此，对于究竟是谁发明了国际象棋这个问题，似乎没有很权威的定论，但现在一般人都认为，它起源于古印度，发明人是生活在印度西北部的一个叫西萨的印度人，时间大约在公元 5 世纪末。据说因为当时的印度国王对流行的 15 人游戏已感到厌倦，所以西萨为国王发明了一种新的棋类游戏——国际象棋。

当然，西萨当初的发明并不叫国际象棋，其内容和规则与现在的国际象棋也大不相同。当时，人们把西萨的发明称为"查图兰加"（意为"四部分"），它是一种战争游戏，有"象"、"马"、"车"、

"兵"4种棋子，而这4种棋子正好代表了当时印度军队的组成。这种游戏不同于同类的其他游戏的关键所在，是发明人使每一种棋子的移动方式都粗略地模仿它所代表的战斗单位：国际象棋中的车起源于战车，能够沿任何方向的直路前进，而马则能跨越障碍，但不能在一步尚未跳完时停下来。

国际象棋在8世纪末通过克什米尔传到中国，然后再传到朝鲜和日本。它又很快向西传到波斯。阿拉伯人在7世纪侵犯波斯时学会了这种游戏，从此，它便在阿拉伯国家迅速传开。到11世纪，国际象棋通过西班牙传到了欧洲。

从那时以来，国际象棋逐步成为一种非常普及的游戏。这种游戏一直在发展变化，到16世纪时完成了最后一个重要改革，就是加上了用车护王的走法。

国际象棋的棋盘黑白相间，纵横8格，共64方格，分黑白两方，各有一王、一后、双车、双象、双马和八兵。各子走法不同，以把对方"将死"为胜。双方如不能"将死"或有"长将""长杀"，某方无子可动，局面重复出现3次以上等情况，均可根据"规则"列为和局。子路运行全盘，战术相当复杂。

1475年，卡克斯顿出版了《国际象棋谱》，表明国际象棋在英国已非常普及。16世纪，出现了葡萄牙棋手达米亚诺和西班牙棋手洛佩兹等研究国际象棋的文章。在19世纪，英国曾由于有斯汤顿这样的棋手而称霸棋坛。从那以后，各国的棋坛新秀不断出现，俄国、古巴、波兰、斯堪的纳维亚、东欧、美国和中国的棋手都曾荣获过国际象棋的冠军。

从手帕到卫生纸

卫生纸是最常见的一种生活用品。它柔韧性好、吸水性强，经济实惠，给人们的生活带来了便利。而卫生纸的发明也有一个小故事。

20世纪初，美国史古脱纸业公司买下一大批纸，但在运输过程中，由于工作人员的疏忽，造成纸张受潮，产生了很多褶皱，而且变得很软。整整一仓库的纸都成了废品，大家都不知道该怎么办才好。有人提出把纸全部退回厂家，这样或许能减少些损失。尽管这个建议得到很多人的认同，但公司的负责人亚瑟·史古脱是个讲求诚信的人，他认为纸受潮是自己公司造成的，不应该要求退货。但这些没用的纸该怎么处理，确实让他大伤脑筋。

几天后，史古脱想出了一个好主意，既然纸变软了，就可以用它来擦脸。为了使用方便，他还在卷纸上打了一排小孔，沿着小孔撕下来的纸就是一小块一小块的。史古脱称之为卫生纸，并取名为"桑尼"牌。最开始，卫生纸出现在火车站、饭店、企业等人多的地方，很快便大受欢迎。

从那以后，使用方便、手感良好、吸水性强的卫生纸逐渐取代了手帕，成为生活中必不可少的日用品。

无线电究竟是谁发明的

关于谁是无线电的发明人还存在争议。

1893年，尼古拉·特斯拉（Nikola Tesla）在美国密苏里州圣路易斯首次公开展示了无线电通信。在为费城富兰克林学院以及全国电灯协会做的报告中，他描述并演示了无线电通信的基本原理。他所制作的仪器包含电子管发明之前无线电系统的所有基本要素。

古列尔莫·马可尼（Guglielmo Marconi）拥有通常被认为是世界上第一个无线电技术的专利，英国专利12039号，"电脉冲及信号传输技术的改进以及所需设备"。

尼古拉·特斯拉 1897 年在美国获得了无线电技术的专利。然而，美国专利局于 1904 年将其专利权撤销，转而授予马可尼发明无线电的专利。这一举动可能是受到马可尼在美国的经济后盾人物，包括托马斯·爱迪生、安德鲁·卡耐基影响的结果。1909 年，马可尼和卡尔·费迪南德·布劳恩（Karl Ferdinand Braun）由于"发明无线电报的贡献"获得诺贝尔物理学奖。1943 年，在特斯拉去世后不久，美国最高法院重新认定特斯拉的专利有效。这一决定承认他的发明在马可尼的专利之前就已完成。有些人认为做出这一决定明显是出于经济原因，这样，二战中的美国政府就可以避免付给马可尼公司专利使用费。

1898 年，马可尼在英格兰切尔姆斯福德的霍尔街开办了世界上首家无线电工厂，雇用了大约 50 人。

无线电经历了从电子管到晶体管，再到集成电路，从短波到超短波，再到微波，从模拟方式到数字方式，从固定使用到移动使用等各个发展阶段。无线电技术已成为现代信息社会的重要支柱。

还有俄国发明家波波夫，他在 1901 年声称就发明了无线电。

诺贝尔奖的由来

阿尔弗莱德·伯恩纳德·诺贝尔，1833 年 10 月 21 日生于瑞典首都斯德哥尔摩。诺贝尔发明了炸药，取得了成千上万的科研成果，成功地开办了许多工厂，积聚了巨大的财富。在即将辞世之际，诺贝尔立下了遗嘱："请将我的财产变作基金。每年用这个基金的利息作为奖金，奖励那些在前一年为人类做出卓越贡献的人。"

根据他的这个遗嘱，从 1901 年开始，具有国际性的诺贝尔奖创立了。诺贝尔在遗嘱中还写道："把奖金分为 5 份：一、奖给在物理学方面有最重要发现或发明的人；二、奖给在化学方面有最重要发现或新改进的人；三、奖给在生理学或医学方面有最重要发现的人；四、奖给在文学方面表现出了理想主义的倾向并有最优秀作品的人；五、奖给为国与国之间的友好、废除使用武力做出贡献的人。"

诺贝尔奖根据 A. B. 诺贝尔遗嘱所设基金提供的奖项（1969 年起由 5 个奖项增加到 6 个），每年由 4 个机构（瑞典 3 个，挪威 1 个）颁发。1901 年 12 月 10 日即诺贝尔逝世 5 周年时首次颁发。诺贝尔在其遗嘱中规定，该奖应每年授予在物理学、化学、生理学或医学、文学与和平领域内"在前一年中对人类做出最大贡献的人"，瑞典银行在 1968 年增设一项经济科学奖，1969 年第一次颁奖。

诺贝尔在其遗嘱中所提及的颁奖机构是：位于斯德哥尔摩的瑞典皇家科学院（物理学奖和化学奖）、皇家卡罗琳外科医学研究院（生理学或医学奖）和瑞典文学院（文学奖），以及位于奥斯陆的由挪威议会任命的诺贝尔奖评定委员会（和平奖），瑞典科学院还监督经济学的颁奖事宜。为实行遗嘱的条款而设立的诺贝尔基金会，是基金的合法所有人和实际的管理者，并为颁奖机构的联合管理机构，但不参与奖的审议或决定，其审议完全由上述 4 个机构负责。每项奖包括一

枚金质奖章、一张奖状和一笔奖金；奖金数字视基金会的收入而定。经济学奖的授予方式和货币价值与此相同。

评选获奖人的工作是在颁奖的上一年的初秋开始，先由发奖单位给那些有能力按照诺贝尔奖章程提出候选人的机构发出请柬。评选的基础是专业能力和国际名望；自己提名者无入选资格。候选人的提名必须在决定奖项那一年的 2 月 1 日前以书面通知有关的委员会。

从每年 2 月 1 日起，6 个诺贝尔奖评定委员会（每个委员会负责一个奖项）根据提名开始评选工作。必要时委员会可邀请任何国家的有关专家参与评选，在 9－10 月初这段时间内，委员会将推荐书提交有关颁奖机构；只是在少有的情况下，才把问题搁置起来，颁奖单位必须在 11 月 15 日以前做出最后决定。委员会的推荐，通常是要遵循的，但不是一成不变的。各个阶段的评议和表决都是秘密进行的。奖只发给个人，但和平奖例外，也可以授予机构。候选人只能在生前被提名，但正式评出的奖，却可在死后授予，如 D. 哈马舍尔德的 1961 年和平奖和 E. A. 卡尔弗尔特的 1931 年文学奖。奖一经评定，即不能因有反对意见而予以推翻。对于某一候选人的官方支持，无论是外交上的或政治上的，均与评奖无关，因为该颁奖机构是与国家无关的。

电报机的历史

在电被用于传播之前，人类的远距离通信可追溯到远古时代的狼烟报警，烽火台堪称最早的通信装置；人类历史走到距今 1000 多年的时候，马匹和驿使开始担负起远距离通信的重任。早在莫尔斯之前，就有人想过用电来进行通信，最早的电报机应该是有着 26 根电线的机器。

1753 年，当时对电的研究尚停留在静电上，一位叫摩尔逊的人，利用静电感应的原理，用代表 26 个英文字母的 26 根导线通电后进行信息传输，但这种机器需要的导线太多，设置庞杂，并且静电传递的距离有限，因此这项发明没有得到推广。1804 年，西班牙的萨瓦将许多代表不同字母和符号的金属线浸在盐水中，他的电报接收装置是装有盐水的玻璃管，当电流通过时，盐水被电解，产生出小气泡，他根据这些气泡辨识出字母，从而接收到远处传送来的信息。但萨瓦的电报接收机可靠性很差，不具实用性。后来，俄国科学家许林格设计了一种只用 8 根电线的编码式电报机，并且取得试验上的成功，但由于需要的导线还是太多，依然难以达到实用之功效。这些幼稚时期的电报接收装置虽然没有得到最终的应用和推广，但它们为后来人提供了试验基础。随着电磁学理论的不断完善，电学的进一步发展，一根导线的电报机在莫尔斯的千呼万唤中诞生了。

瓦特发明蒸汽机

在瓦特的故乡——格林诺克的小镇上，家家户户都在生火烧水做饭。对这种司空见惯的事，有谁留过心呢？瓦特就留了心。他在厨房里看祖母做饭。灶上坐着一壶开水，开水在沸腾。壶盖啪啪地作响，不停地往上跳动。瓦特观察好半天，感到很奇怪，猜不透这是什么缘故，就问祖母："什么玩意使壶盖跳动的呢？"

祖母回答说："水开了，就这样。"

瓦特没有满足，又追问："为什么水开了壶盖就跳动？是什么东西推动它的？"

可能是祖母太忙了，没有功夫答对他，便不耐烦地说："不知道。小孩子刨根问底地问这些有什么意思呢？"

瓦特在他祖母那里不但没有找到答案，反而受到了批评，心里很不舒服，可他并不灰心。

连续几天，每当做饭时，他就蹲在火炉旁边细心地观察着。起初，壶盖很安稳，隔了一会儿，水要开了，发出哗哗的响声。蓦地，壶里的水蒸气冒出来，推动壶盖跳动了。蒸汽不住地往上冒，壶盖也不停地跳动着，好像里边藏着个魔术师，在变戏法似的。瓦特高兴了，几乎叫出声来，他把壶盖揭开盖上，盖上又揭开，反复验证。他还把杯子、调羹遮在水蒸气喷出的地方。瓦特终于弄清楚了，是水蒸气推动壶盖跳动！这水蒸气的力量还真不小呢。

就在瓦特兴高采烈、欢喜若狂的时候，祖母又开腔了："你这孩子，不知好歹。水壶有什么好玩的，快给我走开！"

他的祖母过于急躁和主观了，这随随便便不放在心上的话，险些挫伤了瓦特的自尊心和探求科学知识的积极性。年迈的老人啊，根本不理解瓦特的心，水蒸气对瓦特有多么大的启示！水蒸气推动壶盖跳动的物理现象，不正是瓦特发明蒸汽机的认识源泉吗？

1769 年，瓦特把蒸汽机改成为发动力较大的单动式发动机。后来经过多次研究，于 1782 年，完成了新的蒸汽机的试制工作。机器上有了联动装置，把单式改为旋转运动，完善的蒸汽机发明成功了。

由于蒸汽机的发明，加之英国当时煤铁工业发达，所以英国就成为世界上最早利用蒸汽推动铁制海轮的国家。19 世纪，开始海上运输改革，一些国家进入了所谓的"汽船时代"。从此，船只就行驶在茫茫无际的海洋上了。随之而来，煤矿、工厂、火车也全应用了蒸汽机。体力劳动解放了，经济发展了，这不能不说是蒸汽机发明的成果，当然也是蒸汽机的发明家瓦特的功劳。因此，瓦特在世界上享有盛名。

瓦特的一生充满了艰苦和抗争，他走过的道路坎坷不平。他在坎坷中为人类造了福，为人类前进开辟了新的里程。瓦特十分重视学习和实践。学习，丰富了他的智慧；实践，结出了丰硕的成果。

让爱迪生为你鼓掌

留声机的发明

留声机，也就是今天的电唱机，是 1877 年由美国著名的发明家爱迪生发明的。

爱迪生在研究电话信号的传输方法时，受到了启发，开始了留声机的设计。他首先在电话的受话器上装上了一个喇叭，由喇叭把声音集聚起来，送到送话器的振动板上。然后，再在振动板的中心处装一钢针，振动板带动钢针振动。这台机器有个金属制作的圆筒，在木底座上装有转动圆筒的摇动手柄，圆筒上裹着一层涂有石蜡的纸带，钢针压在纸带上，当用手轻轻摇动手柄时，铺有纸带的圆筒就会一边旋转一边移动，振动板根据声音振动的强弱将力传给钢针，使钢针产生相应的振动，在纸带上刻划出相应的深浅不同的槽沟，把声音录了下来。播放时，只需将钢针摆回起始处，重新摇动手柄，便可将所录的声音重新播放出来。

后来，爱迪生又对自己的发明进行了改进，将录音的材料先后改成了锡箔和焊锡涂层，提高了录音材料的耐用性，钢针改用蓝宝石，针尖也改为圆形，去掉了手摇把，以电池和发条作为动力。到 20 世纪初，爱迪生公司制造的留声机开始风行全球。

与此同时，电话发明家亚历山大·贝尔和其堂弟奇切斯特·贝尔与美国科学家泰恩特合作，也进行了留声机的研究，制成了采用锡管进行录放音的留声机。

1888 年，从德国移居美国的伯利纳也研究成功了一种留声机。他制造的留声机装有一个转盘，由驱动轮通过传动带带动转盘转动，唱片是圆形薄片，置于转盘上。将连接在喇叭上的钢针置于唱片的始端，旋转唱片，钢针便沿着唱片上的螺旋纹由里向外移动。当时，爱迪生和贝尔的留声机都是采用滚筒式唱筒，唱针都是上下运动，利用唱筒上刻纹的深浅而发声。而伯利纳的留声机，其基本原理已与今天的留声机一样，采用圆形唱盘，唱针按照声波的波纹左右滑动，只是唱片旋转方向与现代电唱机相反。

伯利纳不仅发明了接近于今天的电唱机，而且还发明了类似于现代的唱片。从 1899 年起，他在机械巧手约翰逊的协助下，研制成功了新型唱片的复制方法，并由胜利留声机公司开始使用硬质橡胶和紫胶树脂原料生产这种新型唱片。

1925 年，马克斯菲尔德和美国贝尔电话实验室发明了麦克风。麦克风能把声音转换成电信号，由电子管加以放大，再转换成机械力，推动刻槽器，根据声音的大小在蜡制的母片上刻出相应的 V 型槽，用来复制唱片。以前唱机所用的振动膜片也改成了电磁拾音器，拾音器将唱片槽纹上的波形运动变化成电流的强弱，经放大加强后输至扬声器，变成声音重播出来。第二次世界大战后，唱片工业不断改进录放技术，提高音质。1948 年，美国哥伦比亚公司首先推出了一种以塑料为原料的慢转速唱片。10 年后，又制成了立体声唱片。

显微镜的发明

最早的显微镜是由一个叫詹森的眼镜制作匠人于 1590 年前后发明的。这个显微镜是用一个凹镜和一个凸镜做成的，制作水平还很低。詹森虽然是发明显微镜的第一人，却并没有发现显微镜的真正价值。也许正是因为这个原因，詹森的发明并没有引起世人的重视。事隔 90 多年后，显微镜又被荷兰人列文虎克研究成功了，并且开始真正地用于科学研究试验。关于列文虎克发明显微镜的过程，也是充满

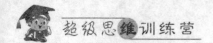

偶然性的。

列文虎克于 1632 年出生于荷兰的德尔夫特市，从没接受过正规的科学训练。但他是一个对新奇事物充满强烈兴趣的人。一次，他从朋友那里听说荷兰最大的城市阿姆斯特丹的眼镜店可以磨制放大镜，用放大镜可以把肉眼看不清的东西看得很清楚。他对这个神奇的放大镜充满了好奇心，但又因为价格太高而买不起。从此，他经常出入眼镜店，认真观察磨制镜片的工作，暗暗地学习着磨制镜片的技术。

功夫不负苦心人。1665 年，列文虎克终于制成了一块直径只有 0.3 厘米的小透镜，并做了一个架，把这块小透镜镶在架上，又在透镜下边装了一块铜板，上面钻了一个小孔，使光线从这里射进而反射出所观察的东西。这样，列文虎克的第一台显微镜成功了。由于他有

着磨制高倍镜片的精湛技术，他制成的显微镜的放大倍数，超过了当时世界上已有的任何显微镜。

列文虎克并没有就此止步，他继续下工夫改进显微镜，进一步提高其性能，以便更好地去观察了解神秘的微观世界。为此，他辞掉了工作，专心致志地研制显微镜。几年后，他终于制出了能把物体放大300倍的显微镜。

1675年的一个雨天，列文虎克从院子里舀了一杯雨水用显微镜观察。他发现水滴中有许多奇形怪状的小生物在蠕动，而且数量惊人。在一滴雨水中，这些小生物要比当时全荷兰的人数还多出许多倍。以后，列文虎克又用显微镜发现了红细胞和酵母菌。这样，他就成为世界上第一个微生物世界的发现者，被吸收为英国皇家学会的会员。

显微镜的发明和列文虎克的研究工作，为生物学的发展奠定了基础。利用显微镜发现各种传染病都是由特定的细菌引起的。这就导致了抵抗疾病的健康检查、种痘和药物研制的成功。

据说，列文虎克是一个对自己的发明守口如瓶、严守秘密的人。直到现在，显微镜学家们还弄不明白他是怎样用那种原始的工具获得那么好的效果的。

邮票是怎么产生的

相传1840年，在英国一个偏僻的乡村里，有一位名叫艾丽丝·布朗的姑娘收到了一封远方来信。她看了看信封，便对送信人说："对不起，我没钱收信，请退回吧。"于是，送信人与这位姑娘发生了争执。这时，一位绅士罗兰·希尔散步过来，见此情景，为姑娘代付了邮费。姑娘对绅士说："我家里很穷，付不起邮费。哥哥出远门做工时，我们事先约好，如果他平安无事，就在信封上画个圆圈。刚才我已经看到了信封上标记，就不必付钱取信了。"

事后，罗兰·希尔向政府建议：由寄信人购买一张凭据贴在信封上，以示邮资已付。英国政府很快采纳了他的建议。1840 年 5 月 6 日由罗兰·希尔设计的世界上第一枚邮资凭据即邮票在英国诞生，并迅速被各国邮政机构广泛采用。

最早，邮票一词是从英文 postage stamp 直译来的，意思就是邮资凭证。

1840 年，英国最早发行的邮票印有女王的肖像，继而各国仿效，纷纷发行图像大多是君王将相头像的邮票，流传到我国后便叫人头。1879 年上海《申报》上就曾刊登一则广告：收买信封老人头：部局书信馆人头每百个价二角；海关人头每百个价二角；东洋人头每百个价三角……6 年后，《申报》上刊出又一则告："收买信面旧人头"。1878 年（清光绪四年）发行中国第一套以"云龙"为主图的邮票，接着发行小龙、蟠龙邮票。我国早期的邮票上多带有"龙"的图案，民间俗称为"龙头"，直至民国期间，人们还这样习惯地称呼。1880 年，上海清心书馆编印的《花图新报》曾刊登一篇"各国信馆之印图"的文章，称邮票为"邮钞"。

这一时期，在邮局往来的正式公文中，常称邮票为"图记纸"。清国家邮政公布的邮政章程中规定——邮政局制造信票，以便粘信面，称邮票为"信票"。表示该票是寄信专用的，因上面有图案，又称为"信资图记"。在我国台湾省，邮票曾被称为"士担纸"，即英文 stamp 的音译。1888 年，台湾设立文报总局，在其颁布的《台湾邮政票章程》中，首次出现"邮票"二字。总局印发了两联单式的台湾邮票，用以在传递公文中分清职责和传递时间，官用的称"邮票"，民用的称"商票"。但这里所说的邮票与现在的意义不同。在我国邮政史上，正式使用"邮票"一词是从 1899 年开始的，这时邮政汇总已开办，邮政业务扩大了，"信票"上的"信"字已不能包括全部邮政业务。1912 年，我国发行的"光复纪念"邮票上。第一次印上了"邮票"字样。

吸尘器的发明

吸尘器的发明者名叫塞西尔·布鲁斯，要不是他用嘴吸了一大口灰尘，说不定我们今天还没有吸尘器哩！他在 1901 年时产生了发明吸尘器的想法，一次，他正在伦敦的一家餐馆里用餐，看到后面的椅背上满是灰尘，就用自己的嘴凑上吹了一口，结果可想而知，灰尘差点没把他呛死！

布鲁斯由此受到启发，信心十足地每天在自己的工作室里研制吸尘器。不久，他的发明物问世了，但和现在家庭日常的吸尘器不同，那是一架很大的机器，一个庞然大物。它有一个气泵、一个装灰尘的铁罐和过滤装置，都安装在一辆推车上，由两个人共同操作。他们推着它在街上行走，一个人负责用气泵抽气，另一个人则拿着长管子挨家挨户地去吸尘。

没过多久，布鲁斯的吸尘器就在伦敦赢得了广泛的赞誉。所以当爱德华八世举行加冕典礼时，特地请他去将威斯敏斯特教堂那些精美的地毯吸了一遍。

在布鲁斯的吸尘器发明之前，大扫除是一件最让家庭主妇们头疼的事。大多数的英国家庭都使用壁炉取暖，因此总有炉灰把地毯、家具、墙壁和窗帘弄脏。掸子和刷子并不能除去灰尘，只会将灰尘弄得满屋都是。一年又一年，主妇们无可奈何……

灰尘甚至还会传播疾病，对人们的健康造成威胁。第一次世界大战期间，有许多英国士兵驻扎在伦敦的公共建筑物中。当时有一支部队驻扎在"水晶宫"里。"水晶宫"是 1851 年世界博览会的展厅。

让爱迪生为你鼓掌

没过多久，士兵中间开始流行一种可怕的疾病——斑疹伤寒。卫生部的官员和医生去那里做检查之后，派人请来了布鲁斯。他们相信假如能将这座古老的建筑物内部打扫干净，疾病的传染媒介虱子和跳蚤便无法再生存下去，就能有效地控制住疫情。这确实是个高明的主意。布鲁斯用 15 架巨大的吸尘器干了整整两个星期——你一定无法相信，从"水晶宫"内共吸走了 26 吨灰尘和脏物！当"水晶宫"变得焕然一新时，士兵们便不再患病了。

布鲁斯的吸尘器虽然有很大的威力，但一般的家庭却无法在室内安放这么一个庞然大物，并专门雇两个人来吸尘。詹姆斯·斯班格勒——一个美国人，开始研制起小型的吸尘器来了。在此之前，斯班格勒搞过不少发明，但都未能成功。他根据布鲁斯吸尘器的原理，用一个小型马达带动一个抽气机，并且在吸气口安了一个会旋转的刷子，使被刷子刷下的灰尘吸入吸尘器内部。斯班格勒带着自己的发明去找俄亥俄州的一位工业家胡佛。胡佛对他的发明很感兴趣，出钱买下了他的专利，打算稍加改进后就投入生产。

胡佛的小型吸尘器一经问世，就受到大众的热烈欢迎；他的吸尘器公司也蒸蒸日上，成为有名的大公司。胡佛吸尘器从那时直到今天，一直是美国家庭必备的物品。

热气球的发明

约瑟夫·蒙哥尔费兄弟是法国里昂附近的安诺地的造纸工人。当他们看到碎纸片在篝火上飞舞时，不约而同地产生了利用热空气制造飞行物的念头。从纸袋到布袋，直到 1783 年 6 月 5 日公开表演的巨大热气球，一步步地走向成功。

热气球靠在底部补充或排放热空气来控制气球飞行的高度，靠人

力驱动螺旋桨来推进。虽然在大风天不能出行，但在当时确实是一种相当令人满意的空中交通工具。

在热气球成功升空之后，人们开始尝试为气球安装动力，因为人这种动物，要作为推进作用的"发动机"力量太小了。也正是基于这种想法，诞生了空中称霸一时的飞艇。

不少形状各异的飞艇模型相继诞生，由于这样那样的原因而没有实现。最早的飞艇是法国工程师吉法尔首先制造成功的。虽然能够升到空中，但由于原始的蒸汽机还相当不完善，动力性能相当令人失望。

直到1884年，勒纳尔和克雷布斯——两名军事工程师才利用电动机作动力，设计成功了世界上最早的实用软式飞艇——"法兰西"号。从此以后，飞艇作为有史以来最为成功的载人飞行器登上历史舞台。软式飞艇看上去，和热气球并没有什么区别，只是安装了当时较先进的动力装置罢了。

19世纪80年代后期，人们开始使用汽油发动机来作实验飞艇的

让爱迪生为你鼓掌

动力。1900年，德国人齐柏林制造出了第一艘硬式飞艇"LZ – 1"号。飞艇不但面貌一新，而且靠汽油发动机驱动，动力性能也得到前所未有的提高。1910年，齐柏林飞艇以软式飞艇无法比拟的安全性、可靠性，正式成为空中的主要交通工具。在此后的几十年当中，相继飞行800多个"航班"，运送17 000多名乘客，航程达到185 000千米；同时飞艇也用于军事目的，是最早的空军力量。齐柏林也被称为"飞艇之父"。

在飞艇逐渐统治广阔的天空的同时，飞机的诞生开始向这种空中霸王发出挑战。到20世纪30年代，在飞机逐渐实现完善化和实用化的进程中，飞艇却先后发生了若干次艇毁人亡的灾难。这使得飞艇在它诞生了不到一个世纪就被飞机所取代。

到今天，飞艇已经相当少见了，更没有用于载人的实用飞艇了；倒是飞艇的鼻祖，却成为一种体育休闲运动——热气球运动，受到世界上不少爱好者的青睐。

防毒面具的诞生

防毒面具最早出现在第一次世界大战中，它是俄国著名的化学家捷林斯基发明的。1915年4月，德国军队在伊伯尔战役中使用了化学武器，施放18万千克氯气，使协约国有1.5万人中毒，5 000人死亡。

俄国著名的化学家捷林斯基为了寻找反毒气战的办法，亲自上前线调查研究。他发现当氯气袭来时，凡是用军大衣蒙住头或把头钻进松软土里的士兵都幸免于难。经过分析，他发现军大衣的呢毛和土壤颗粒有吸附有毒物质的作用。后来，他进一步研究、实验，发现木炭既能吸附有毒物质，还能使空气畅通。于是，捷林斯基研制出防毒效能很高的活性炭。1916 年第一具单兵使用的防毒面具诞生了。经战场实地使用，防毒效果很好。在战场上，由于 10 万俄军使用防毒面具而免于不幸之后，各国争相仿制。于是防毒面具成为士兵的常备军用品。

香水的出现

早在 6500 年前，古埃及人就已经开始使用香水了，但当时的香水可不是用来打扮的，而是把香水作为制作木乃伊的材料。没药是从有香味的植物中提取出来的，是制造香水必不可少的原料。由于没药具有防止腐烂的功能，古埃及人就用没药制成的香水洒在尸体上。

后来，人们把焚烧香木时产生的香气用在净身、祭奠神明上，有时也将香水当作杀菌的药材使用。

现代香水是在 1370 年由匈牙利的伊丽莎白王妃配制而成的，名为"匈牙利沃特"。

"这么好闻的花香却像容易凋谢的鲜花一样，很快就消失了，这实在是太可惜！我真想长时间拥有这好闻的花香。"伊丽莎白王妃非常爱美，为了能留住鲜花的香气，她做了无数次试验，终于找到了"蒸馏"的方法。

蒸馏是把各种香料溶解在酒精中，然后用火蒸，再放凉。通过这种方法能从香料中提取出味浓、好闻的香水。

1882 年，从事制造香水行业的娇兰最先成功地制造出人工合成的香水。人工合成香水与天然香水的区别在于，其香精不是从植物中提取出来的，而是利用具有香味的物质在实验室里人工混合而成的。

让爱迪生为你鼓掌

— 63 —

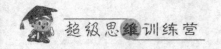

最早的人造食品

人造黄油是世界上最早的人造食品。在欧洲工业革命期间，许多人离开土地，涌向城市和工厂，致使城市的人口迅速增加，人们食用的动物脂肪供不应求。为了解决这个问题，拿破仑三世命令一个叫梅热·穆里兹的法国化学家制造一种廉价的奶油，以帮助"增加全国的库存食品"。这位化学家于 1869 年发明了人造奶油，因为这种奶油在颜色上像珍珠，他给这种奶油起名为"珍珠"。但这种奶油并不适合人们的口味，产品难以推销。

后来，梅热·穆里兹对人造奶油进行了改进，他用脂肪加上牛奶、少量的水和一种特殊成分，造出了人造黄油，并获得了专利。

1883 年，梅热·穆里兹在英国去世。去世之前，他把人造黄油的秘密告诉了荷兰的一位奶油商人简·朱金和亨利·朱金两兄弟。这两兄弟开办了一个奶油公司，开始大量地生产人造黄油，其产品十分受欢迎，公司因此日益兴隆。

由于对人造黄油需求的增长造成了牛奶和其他动物脂肪的短缺，制造人造黄油的原料逐步发生了重大变化。人们开始用代用品生产黄油，主要是从向日葵子、大豆以及其他产油植物中提取所需的原料。起初使用这些代用品遇到过困难，由于 1910 年发明了加氢法（加入氢元素使脂肪变硬）问题就解决了。以后，又在人造黄油中加进了维生素 A 和维生素 B，使之更像奶油。

按照梅热·穆里兹的理论，人们能直接把植物转变成有营养的、好消化的人类食物，这一理论已为后人的实践所证实。现在已经发明了完全不含奶的奶油代用品，甚至有一种称为"普兰尼尔"的纯植物牛奶。这些人造食品的生产，无疑对解决人类食物来源具有重要意义。

安全炸药做贡献

诺贝尔有一次目睹劳工开山凿矿都是手工，便想：如果有一种威力很大的东西，一下子就能劈开山岭，那该多好呀！于是他开始研究炸药。

但在一次实验中，不幸的事发生了：实验室和工厂全部被炸毁，还炸死了 5 个人，诺贝尔的弟弟被当场炸死，父亲被炸成重伤。在这沉重的打击下，诺贝尔并没有灰心泄气。

为了避免伤害其他人，在朋友的资助下，在梅拉伦湖上租了一只大船当实验室。经过 4 年几百次的实验，终于在 1876 年的秋天，研制出了稳定性较强的硅藻甘油炸药，为工业应用做出了巨大的贡献。

电是如何被"捉到"的

雷电会打死人。可是，曾经有这样一个人，不但不怕电，而且要把它捉住，这个人就是美国的富兰克林。

1752 年 7 月的一天，乌云密布，眼看就要下雨了。这时，富兰克林在野外放飞了一只特制的风筝。风筝的顶端安了一跟尖尖的铁针，放风筝的绳子末端拴着一把铁钥匙。当风筝飞上高空不久，下起雨来了，随着大雨，电闪雷鸣，大自然发怒了。富兰克林对于全身被淋湿全不在意，对于可能被雷击也毫无畏惧。他全神贯注于他的手，当头顶闪电的时候，他感到自己的手麻酥酥的。他意识到这是天空的电流通过湿麻绳和铁钥匙传到了他的手，他高兴地大叫："电，捕捉到了，天电捕捉到了！"他马上把铁钥匙和莱顿瓶连接起来，结果莱顿瓶蓄

让爱迪生为你鼓掌

满了大量的电，这种电同样可以点燃酒精，可以做"摩擦起电"的电所做的一切。

富兰克林用勇敢的行动、缜密的方法，揭穿了有关雷电的古老神话，为电学的发展贡献了力量，使唯物史观在电学领域获得了重大胜利。

伦琴发现了 X 射线

X 射线的发现者威廉·康拉德·伦琴于 1845 年出生在德国尼普镇。他于 1869 年从苏黎世大学获得哲学博士学位。在随后的 19 年间，伦琴在一些大学工作，逐步地赢得了优秀科学家的声誉。1888 年他被任命为维尔茨堡大学物理所物理学教授兼所长。1895 年伦琴在这里发现了 X 射线。

1895 年 9 月 8 日这一天，伦琴正在做阴极射线实验。阴极射线是由一束电子流组成的。当位于几乎完全真空的封闭玻璃管两端的电极之间有高电压时，就有电子流产生。阴极射线并没有特别强的穿透力，连几厘米厚的空气都难以穿过。这一次伦琴用厚黑纸完全覆盖住阴极射线，这样即使有电流通过，也不会看到来自玻璃管的光。可是当伦琴接通阴极射线管的电路时，他惊奇地发现在附近一条长凳上的一个荧光屏（镀有一种荧光物质氰亚铂酸钡）上开始发光，恰似受一盏灯的感应激发出来似的。他断开阴极射线管的电流，荧光屏即停止发光。由于阴极射线管完全被覆盖，伦琴很快就认识到当电流接通时，一定有某种不可见的辐射线自阴极发出。由于这种辐射线的神秘性质，他称之为"X 射线"——X 在数学上通常用来代表一个未知数。

这一偶然发现使伦琴感到兴奋，他把其他的研究工作搁置下来，专心致志地研究 X 射线的性质。经过几周的紧张工作，他发现了下列事实。(1) X 射线除了能引起氰亚铂酸钡发荧光外，还能引起许多其他化学制品发荧光。(2) X 射线能穿透许多普通光所不能穿透的物质，特别是能直接穿过肌肉但却不能透过骨骼。伦琴把手放在阴极射线管和荧光屏之间，就能在荧光屏上看到他的手骨。(3) X 射线沿直线运行，与带电粒子不同，X 射线不会因磁场的作用而发生偏移。

　　1895 年 12 月伦琴写出了他的第一篇 X 射线的论文。论文发表后立即引起了人们极大的兴趣。在短短的几个月内就有数以百计的科学家在研究 X 射线，在一年之内发表的有关论文大约就有 1 000 篇！在伦琴发明的直接感召下而进行研究的科学家当中有一位名叫安托万·

让爱迪生为你鼓掌

亨利·贝克勒尔。贝克勒尔虽然是有意在做 X 射线的研究，但是却偶然发现了甚至更为重要的放射现象。

在一般情况下，每当用高能电子轰击一个物体时，就会有 X 射线产生。X 射线本身并不是由电子而是由电磁波构成的。因此这种射线与可见辐射线（即光波）基本上相似，不过其波长要短得多。

当然，X 射线的最有效的应用还是在医疗诊断中。其中一种应用是放射性治疗，在这种治疗当中 X 射线被用来消灭恶性肿瘤或抑制其生长。X 射线在工业上也有很多应用，例如，可以用来测量某些物质的厚度或勘测潜在的缺陷。X 射线还应用于许多科研领域，从生物到天文，特别是为科学家提供了大量有关原子和分子结构的信息。

发现 X 射线的全部功劳都应归于伦琴。他独自研究。他的发现是前所未有的。他对 X 射线进行了极佳的追踪研究，并且他的发现对贝克勒尔及其他研究人员都有重要的促进作用。

然而人们不要过高地估计伦琴的重要性。X 射线的应用当然很有益处，但是不能认为它如同法拉第电磁感应的发现一样，改变了我们的整个技术；也不能认为 X 射线的发明在科学理论中有其真正重大的意义。人们知道紫外线（波长要比可见光短）已近一个世纪了，X 射线与紫外线相类似，但是它的波长比紫外线还要短，它的存在与经典物理学的观点完全相符。总之，完全有理由把伦琴远排在贝克勒尔之后，因为贝克勒尔的发现具有更重大的意义。

伦琴自己没有孩子，但他和妻子抱养了一个女儿。1901 年伦琴获得诺贝尔物理学奖，是获得该项奖的头一个人。他于 1923 年在德国慕尼黑与世长辞。

居里夫妇发现了镭

玛丽·居里在获得两个硕士学位后，便决定进而考取博士学位。

为了撰写一篇出色的博士论文，她必须寻找一个新奇有价值的研究题目。她翻阅了新近发表的研究报告，其中法国物理学家亨利·柏克勒尔的一些工作报告引起了她的注意。这位物理学家在检验稀有矿质铀的盐质化合物时，发现一种奇怪的、无法解释的现象：铀盐自动放射一种性质不明的射线。这种射线能把周围的空气变成导电体，使验电器带电。柏克勒尔发现的铀射线引起居里夫妇的极大兴趣。它的来源及性质尚未确定，这是极好的研究题目。据玛丽掌握的材料表明：欧洲至今还没有一个实验室对铀射线进行深入研究。这是一块未开发的处女地。这使玛丽兴奋不已。她立即决定着手准备实验研究，但这需要一间实验室。玛丽的丈夫比埃尔反复向理化学校校长请求，最后才被允许在一间破旧、潮湿的房间里从事试验。这里条件很差，设备简陋，而且温度极低，但这并没有妨碍玛丽的工作。几个星期之后，玛丽的试验有了初步结果。她蛮有把握地证明这种射线可以精确测量，而且不受化合情形或外界环境的影响——例如光和温度的影响。那么，既然铀能发出这种射线，其他的化学元素是否也能自动发出射线呢？于是玛丽暂时放下对铀的研究，转而检查其他的化学物质。她很快在另一种元素钍中也发现与铀射线类似的射线。这使她断定这种现象不是铀独有的特性，应该给它冠上一个专有名词，玛丽建议称它为放射性，而含有这种放射性的物质便一律叫作放射元素。

关于放射性的研究使玛丽着迷。她索性抛开那些不放射的矿物，专门研究有放射作用的矿物，测量它们的放射性。在测量中她又有了一个惊人的发现：她检查过的矿物放射性的强度，远远超过根据其中铀或钍含量的预计的强度。起初，玛丽认为试验有误，但经过反复多次试验，证明她的发现是正确的。玛丽由此得出结论：在这些矿物中含有微量的比铀和钍的放射作用强得多的化学元素——一种不为人知的新元素！虽然这个结论还未经实验证明，它只是存在于居里夫妇的想象里，还没有变成现实，但玛丽坚信这个新元素的存在。她在交给

理科博士学院的报告中宣布："两种铀矿：铀沥青矿和硫铜矿比纯铀的放射性强得多。这种事实尤其值得注意。它使人相信，这些矿物中含有一种比铀的放射性强得多的元素……"

玛丽宣布了新元素的存在，这还不够，她还必须通过实验把这种材料分离出来，证实它的存在。比埃尔一直关注着妻子的试验。如今妻子得到的结果意义重大。为了尽快找到这种新元素，他决定暂时放下手中的工作，和妻子一起进行新元素的研究。

居里夫妇在铀沥青矿中寻找这种不知名的新元素。他们发现未经炼制的铀沥青矿的放射性比纯氧化铀的放射性强 4 倍。他们猜想这种元素的含量一定极少，所以才未引起科学家的注意。甚至连精密的化学分析也未能发现它！按照他们的估算，这种新元素在矿石中的含量

至多不超过1%。他们做梦也没有料到，这种放射作用很强的元素在铀沥青矿中的含量只不过百万分之一！若想把如此微量的元素提炼出来，他们将付出多么艰辛的代价啊！他们研究的第一步是检查矿苗，把组成铀沥青矿的各种元素分开，然后测量各种元素的放射性。经过一段时间的试验后，他们断定放射性主要集中在铀沥青矿的两个化学部分里，这即是两个未被发现的新元素。1898年7月，居里夫妇已经找到了这两种元素的其中之一，比埃尔请妻子为这个新元素起名，玛丽想到多灾多难的祖国，于是决定叫它钋。

暑假来临，居里夫妇带着女儿外出游历。他们租住农民的房屋，呼吸乡野新鲜的空气。他们爬山游泳，也时常谈到他们的"钋"和尚未找到的那种新元素。假期过后，他们重新回到潮湿的工作室，继续他们的科学研究。1898年12月26日，居里夫妇及其合作者贝蒙共同在给理科博士学院的报告书中宣布：在铀沥青矿里含有第二种放射性化学元素，他们建议叫它镭。

镭和钋的发现及特性引起不少科学家的极大兴趣，但是要完全有把握确认这两种新物质的存在，必须使人们能看见它、触摸它，把它放在瓶子里，而且能测定它的原子量。为了达到这个目的，居里夫妇还必须继续工作，以便能提炼出纯镭和纯钋。现在，摆在面前的最大困难是：如何获得炼制工作所需的原料和费用？含有镭和钋的铀沥青矿是很贵重的矿物，居里夫妇无力购买。他们决定购买经过提炼铀之后的残渣，因为他们知道：即使提出了铀之后，这种矿物里的钋和镭一定还存在。于是，经人介绍，他们同圣约阿希姆斯塔尔矿的经理接洽，希望廉价购买相当数量的残渣。第一个问题有了着落，接下来就是寻找工作室。经过几番徒劳的尝试之后，居里夫妇又无奈地回到了他们最初的简陋的工作室。这间工作室对着一个院子，院子另一边有一间残破的小棚屋，屋里没有地板，只有一个旧的铁制火炉和几张破损不堪的厨桌。没有人愿意来这种地方工作，但居里夫妇获得校长同

让爱迪生为你鼓掌

意后，决定在这里进行提炼工作。与此同时，奥地利传来出人意料的好消息：经过绪斯教授和维也纳科学院的斡旋，奥地利政府决定把一吨铀沥青矿残渣赠给他们使用，而且表示，如果将来他们还继续需要这种材料，奥地利方面将优惠供应。不久，一辆载重马车将这吨残渣运到理化学校门前。玛丽看到人们卸下装有残渣的口袋兴奋不已，珍贵的镭就藏在口袋里面，无论付出多大代价，她和丈夫也要把它提炼出来。

艰苦的工作开始了。居里夫妇的工作环境简陋到了极点！这间破旧的木板屋，因为顶棚是玻璃的，所以夏天热得像温室，冬天冷得似冰窖，而且还漏雨。由于没有安装放出有害气体的"烟罩"，大部分炼制工作只能在院子里做，每当下雨时，夫妇俩不得不把仪器搬到屋里，为了不被烟熏倒，必须敞开门窗，就是在这种恶劣条件下，居里夫妇连续工作了4年。最初，他们一起进行镭和钋的化学分析，后来觉得分工合作的效率较高，比埃尔便去确定镭的特性，玛丽则继续提炼纯镭盐。玛丽选择的工作是艰辛的，她穿着沾满灰尘污渍的工作服，在烟雾弥漫的院子里，从事她的提炼工作。她描述当时的情景："我一次制炼20公斤材料，棚屋里塞满了装着沉淀物和溶液的大瓶子。我搬运蒸馏器，倒出溶液，并且连续几小时搅动冶锅里的沸腾材料，这真是一种极累人的工作。"镭的含量太少了，要把它从与它密切的混合的矿渣中分开似乎是不可能的。时光一天天流逝，玛丽一公斤又一公斤地提炼铀沥青矿的残渣。此时的她具有多重的身份，既是学者，又是技师，还是工人；既要进行脑力劳动，又要从事体力劳动。这个瘦弱的身躯里蕴藏着多么巨大的力量啊！比埃尔看到妻子费尽力气，得到的结果微乎其微，便产生疑问：为什么不暂时放弃对纯镭的提炼？为什么不等条件好些再重新开始工作？因此他劝妻子暂时休战。但是，性格倔强的玛丽却不肯就此罢手。她想要做成的事，无论困难多么大，也要去做！正像她多年前给哥哥信中所说的那样：

"我们的天赋是要用来做某种事情的，无论代价多么大，这种事情必须做到。"

1902年，玛丽经过4年英勇奋斗，终于打赢了这场持久战：她以非凡的毅力提炼出1克纯镭，并初步测定这个新元素的原子量是225。

这是怎样的4年啊！居里夫妇在这4年中，不仅要在简陋的实验室里进行研究，还要为生计而奔忙。比埃尔每月500法郎的工资，过去是可以维持家用的。可是自从女儿出生后，增加了一个女孩和一个保姆。这使他们的开支大大增加，他们一年需要有两三千法郎的收入才能维持家庭的开支。为此他们进行一种笨拙的努力。这两个天才的科学家，从来不懂如何运用心计为自己谋取利益，所以他们的努力注定毫无结果。他们的生活没有改善。比埃尔希望有一间自己的实验室的要求也得不到满足。唯一成功的是，玛丽请求到赛福尔女子高等师范学校执教之事有了令人满意的答复，该校副校长很快便给她送来聘书。这虽然使他们的经济收入情况有所好转，但却占用了玛丽的不少时间。紧张的生活和工作使居里夫妇的体质明显下降，比埃尔常常因四肢突如其来的剧烈疼痛而被迫卧床休息。至于玛丽，4年的艰苦生活使她的体重减轻7公斤，她的脸色苍白。一位青年物理家不得不写信给比埃尔，郑重地劝他爱惜妻子的身体，同时自己也应该保重。为了他们所喜爱的科学研究，他们付出了全部心血，他们在用生命书写新的科学报告。

1902年5月，玛丽的父亲因病去世，她火速赶回波兰参加葬礼。10月又同丈夫返回巴黎的实验室，一方面继续进行研究，另一方面动手撰写提炼纯镭工作的报告。镭的神秘特性逐渐被学者所认识，而它最伟大的功用则是可以治疗一种残酷的病症——癌肿。这就使提取这种新元素不仅有理论价值，而且可以造福人类。制镭工业即将诞生，而居里夫妇是这一工业的先行者。他们从8吨铀沥青矿渣中提炼出1克镭，玛丽将它赠给自己的实验室，而正式出售镭的价格是：每克75万法郎。1902年，理科博士院给居里夫妇拨2万法郎补助金，"用以提炼有放射性的材料"。不久，一些想在美国创立制镭业的技师，寄信给居里夫妇，询问制镭的具体手续，请求给予指导。这无疑是个极好机会，居里夫妇完全有理由可以以发明家的身份，申请此项技术的专利权，并获得大笔财富。当比埃尔向妻子提到这个问题时，玛丽立即表示"不能借此求利"，因为那么做"是违反科学精神的"。最后他们一致同意不取报酬，毫无保留地公开发表研究结果及制镭方法。

1903年6月25日，在索尔本的一间小教室里，玛丽·居里出色完成了关于放射性物质的研究的博士论文答辩，荣获巴黎大学授予的物理学博士学位。1904年，法国实业家阿尔麦·得·李斯罗着手创办制镭工厂。他邀请居里夫妇合作，为医院生产治疗恶性肿瘤的镭制品。同年12月6日，玛丽生下另一个女儿：艾芙。随着镭的诞生，荣誉也接踵而来。1903年11月，英国伦敦皇家学会将该会最高奖赏戴维奖章授予居里夫妇；1903年12月10日，瑞典斯德哥尔摩科学院宣布：当年诺贝尔物理学奖金一半赠予柏克勒尔，另一半赠予居里夫妇，奖励他们在放射性研究方面的重大贡献。但居里夫妇因为身体欠佳未能参加这次光荣、盛大的聚会，法国公使代表他们从瑞典国王手中领取奖状和金质奖章。居里夫妇一时间声名大振，各种宴会邀请应接不暇，美国还建议他们前去工作讲演。新闻记者更是穷追不舍，不仅居里夫妇成了报纸上的新闻人物，连家里的小花猫的照片也刊登在报纸上。各式各样的信件更是不可胜数，这就扰乱了他们的宁静生活。为了逃避名声带来的麻烦，居里夫妇不得不"化装"出门。如果住旅店，也用假名登记。一次，某位聪明的美国记者跟踪居里夫妇来到浦罗居，在一间渔家房舍门前，看到了光脚坐在石阶上的玛丽·居里。他如获至宝，急忙掏出记事本，准备采访这位著名女学者个人生活的隐秘情况。结果玛丽用严肃的、富有哲理性的语言结束这次访谈："在科学上，我们应该注意事，不应该注意人。"

1905 年 6 月，居里夫妇到瑞典斯德哥尔摩去做诺贝尔讲演。同年 7 月 3 日，比埃尔被选为理科博士学院院士，他开始有了 3 个合作者：实验室主任——玛丽担任，还有一个助手和一个工人。玛丽从此正式进入丈夫的实验室；这一对亲密的伴侣又开始了伟大的合作。玛丽为自己有这样"差不多是绝世无双"的丈夫而感到无比幸福，而比埃尔也时常对他挚爱的妻子这样说："在你身旁，生活是甜蜜的，玛丽。"

血液循环是谁发现的

提起血液循环，人们便会立即联想到滔滔江河，奔流不息，一泻千里。它们源于高深幽静的峡谷，汇集于波涛汹涌的汪洋大海。是的，自古以来，人人都知道心脏和血液是运动的，但心脏和血液到底是怎样运动的却无人能讲清楚了。

那时，医学界盛行着一种错误的理论，认为人的血液产生于肝脏，存在于静脉中，进入右心室后渗入左心室，经动脉，遍布全身后在体内完全消耗干净。这是公元 2 世纪罗马医学家盖仑提出来的。盖仑是罗马皇帝的御医。据说他有 78 本著作，其理论保持了上千年的权威，成为医学界顶礼膜拜的偶像。

最早向盖仑挑战的是比利时解剖学家维萨留斯。维萨留斯曾在巴黎学医，专攻解剖学，后又到意大利进行解剖学研究。当时的解剖学教师都是"君子"，只动口不动手。他们在高高的讲台上念盖仑的著作，由雇来的理发师对尸体进行简单的解剖，验证盖仑著作的正确。维萨留斯对此极为不满，他不想盲从古代的文献，决心自己解剖人体。为此他常在夜里从绞刑架上偷回犯人的尸体，或在瘟疫流行处，在荒野里从饿狗嘴中抢回尸体。他用解剖学的事实戳穿了宗教关于夏

娃是用亚当的一根肋骨做成的、人体内有一根烧不化又砸不碎的复活骨等谎言。他发现心脏是非常重要的器官，心脏把大量血液从右心室抽取到左心室。1543年，维萨留斯出版了《人体构造》一书，总结了他的解剖学实践，并指出了盖仑的错误约200多处。维萨留斯的观点激怒了教会，被宗教法庭判处死刑。

维萨留斯的同事西班牙医生塞尔维特继续深入研究解剖学和医学，重点在血液循环系统，以他多年的成果直接抨击盖仑的错误。这又一次触犯了宗教权威。他说："我相信自己的言行都是公正的，我不怕死！我知道我将为自己的学说、为真理而死，但这并不会减少我的勇气。"1553年10月27日，他被送上了火刑场。临死前，他胸前套着一个浸过硫磺的花环，挂着他的一本著作。神父问他是否放弃自己的学说，他做了个否定的姿势。火点着了，他被活活烧烤了2个小时。他的死，使人类对于血液循环的研究推迟了几十年。然而，科学是扼杀不了的。塞尔维特为真理殉难后75年，英国内科医生威廉·哈维终于完成了塞尔维特被迫中断的血液循环研究工作。

1578年4月1日，哈维生于英国的福克斯通。小哈维聪明伶俐，16岁考进剑桥大学，19岁获文学学士学位。毕业后，又进入意大利帕多大学学医，毕业后获医学博士学位。就学期间，哈维一度生病回家休养。母亲请来了民间医生，当时欧洲医生治疗疾病的常用方法是"放血"。年轻的哈维在多次接受放血治疗时，产生了这样一个问题：血液为什么能不停地流出来？它在体内是怎样流动的？

在获得医学博士后，哈维返回英国剑桥大学，又获得了剑桥大学的解剖学博士学位，并成为一个知名的医生。在这儿，他每年都要参加几次死刑犯人的尸体解剖。每次解剖，他都要做极为详细的记录，一边观察，一边思索。随着研究的深入和资料的积累，他越来越怀疑自己原来崇拜的偶像盖仑，认为他的体系的理论与事实相距甚远。长久孕育在哈维心中的反叛精神，渐渐地显现出来。

血液是怎样流动的？哈维不是在书本上寻找答案，而是到自然界中去找答案。他提出了"以实验为依据，以自然为老师"的研究原则。

哈维的实验室有着各种动物的心脏，猪的、牛的。哈维一面解剖着这些心脏，一面自言自语："估计人的每一心室大约也就容纳 2 英两血液吧，若每分钟心脏能跳 72 次，每次排出 2 英两血液，则 1 小时内每一心室可排出 8640 英两血液，约 245 千克，这相当于 4 个普通人的体重了。"

盖仑曾说："血液是肝脏制造的。"可人在 1 小时之内能制造出这么多的血液吗？为什么没把人体胀破？这多余的血液又流到何处去了呢？

哈维曾把猪等动物的血液全部放掉，计量一下也不到 10 千克，由此他推论人体内的血液也不会太多。这么点血在体内是如何运行的？多少年前被提出的这个问题，又摆到了面前。

只有认为血液是不断循环的才可解释这些现象。1616 年，哈维做了一个简单而又有效的绷带实验。

他先用绷带在人的手臂上结扎动脉管，很快发现在结扎的上方，即靠近心脏处动脉明显鼓胀起来，这说明动脉中的血液是来自于心脏的。接着他又将静脉扎起来，结果在结扎的下方即离心脏较远处，静脉很快胀大，表明血液是从静脉流到心脏的。

此后，他继续对蛇等 40 余种动物进行了活体解剖和实验，并做了大量的人的尸体解剖，越来越坚信他有关血液循环的发现是正确的。

1628 年，凝集着哈维 20 多年心血与革新精神的专著《动物心血运动的解剖研究》终于出版了。哈维向公众宣布，心脏好像一个"水泵"，在"瓣阀"的控制下把血压提高，通过"泵"的搏动将血液打入动脉，从大动脉到小动脉，流到全身，然后由较小静脉流向较大静脉，最后流回心脏。

哈维的心脏血液循环论一句话也没有批判盖仑学说，但却粉碎了盖仑为首的根深蒂固的旧观点。

然而，这一里程碑式的著作出版后，给哈维带来的却是灾难。一些有名望的权威群起而攻之。哈维的旧友、著名解剖学家、巴黎医学院院长阿兰最先起来反对哈维理论。著名的爱丁堡大学教授普里姆罗斯，用 14 天时间写了一本书，强词夺理地说："如果解剖上的事实与盖仑描述的不一样的话，那么只能说，不是盖仑错了，而是盖仑以后的自然界发生了变化。"为了嘲笑哈维，他甚至讲："以前医生并不知道血液循环，也会看病。"

哈维感到最为痛苦的是，他的病人急剧地减少了，医业开始衰落。病人认为他是精神失常的医生，不信任他。哈维被讥讽为"循环的人"，这个绰号并不是由于相信血液循环理论而为他戴上的，而是这个词在拉丁文里是指"庸医"。那些在大街上卖药的小贩子，以此来辱骂哈维是江湖医生。

幸而哈维当时已是国王的御医，有国王的保护，才没有受到人身摧残。

哈维对来自各方的攻击保持缄默，继续进行研究。由于条件所限，虽然哈维当时并没有找到动脉和静脉之间的连通途径，但他坚信总有一天会证明自己理论的正确。

这一天终于来临了。1661 年，在哈维去世后 4 年，血液循环的有力证据终于被发现了。意大利医生马尔比基通过显微镜发现了一种把动脉和静脉连接起来的血管。这种血管像毫毛一样细，于是马尔比基把这种血管叫作"毛细血管"。血液循环理论至此乃告完成。

在哈维时代，还没有显微镜：他手边的工具，除了解剖刀、剪刀、镊子之外，只有一个手持放大镜。哈维理论的建立全靠他自己不断的实验，这是多么了不起的成就啊！哈维是近代实验生理学的奠基人，他使生理学成为科学。他敢于冲破神圣不可侵犯的传统和权威的束缚，在斗争中确立他的新学说。这一伟大功绩将永远为后人所崇敬。

古老的针灸

针灸是针法和灸法的合称，是中医学的重要组成部分之一。针法是指把毫针刺入患者某些穴位，用捻、提等手法来治疗疾病；灸法是用燃烧着的中草药熏灼身体某些穴位，利用热刺激来治疗疾病。

针灸是中国古代常用的治疗各种疾病的手法之一，是一项古老且伟大的发明。它的出现可以追溯到距今约 8000~4000 年前的新石器时代。相传有一个樵夫得了头痛病，有一天，他头痛得走路都困难，结果不小心摔倒了，他的小腿被路边的一块尖尖的石头磕出了血，但他发现头居然没那么疼了。樵夫感到很纳闷，不过也没有多想。有一天樵夫又患病了，想起那天的事，他就找来一块石头刺小腿的那个部位，结果头痛减轻了很多。樵夫发现这也许是个治疗头疼的好办法，于是不停地用石头刺激小腿，渐渐地头痛症竟痊愈了。慢慢地，这个方法传开了，大家试着用磨尖了的石块来刺身体的某个部位，以减轻病痛。这就是最早的针灸，而尖尖的石块叫作砭石。最初的砭石都是用石片磨削而成的，后来逐渐变为比较先进的骨针、陶针、铜针、金针、银针等。

医学的发展，必定需要许多医学家的贡献。相传在晋代，有个名叫皇甫谧的人，他特别爱看书，一拿到自己喜爱的书就爱不释手，想要一口气读完。长时间的苦读，使他的身体越来越虚弱。疾病的折磨并没有打倒他读书的意志，反而更坚定了他学习医学的决心。从此皇甫谧苦读医书，并对照医书自己进行针灸治疗。随着病痛渐渐减轻，他的临床经验也越来越丰富。于是，皇甫谧萌发了一个想法：要详细记录人体的穴位。皇甫谧开始研究医书，并将自己对针灸的研究写成文字。经过努力，他终于写成了《针灸甲乙经》。在这本针灸专著中确定了人体的394个穴位，为针灸的发展做出了巨大的贡献，对中国医学的发展具有深远的影响。

针灸是中华民族的宝贵遗产，是世界医学的重要组成部分，而且越来越受到国外医学界的重视。现在，古老的针灸医术已经走向世界，焕发出了新的活力。

假牙的发明

假牙的发明是医学史上的一件重要的事情，它为牙病患者带来了福音。假牙的出现有悠久的历史。早在公元前700年，伊特拉斯坎人就用黄金来做假牙的桥托，用骨头或象牙雕成假牙，有时也采用从人嘴里取出的牙。

中世纪的牙科医生认为，齿龈中的虫使牙齿腐烂和疼痛。这种理论使他们根本就不想使用任何假牙。伊丽莎白女王一世门牙脱落，因而面部肌肉向里凹陷。为了改变这种情况，她在大庭广众中出现时，便把细棉布塞在嘴里。

到17世纪末叶，有钱的人已能获得假牙，但要压迹还不行，因此用圆规来测量口腔。安的假牙用丝线系在邻近的自然牙上，而整套的下牙需要用手雕刻出来。当时宫廷里有人把假牙当装饰品：有的用银做假牙，有的用珍珠母做假牙，赫维勋爵于1735年甚至用意大利玛瑙来做假牙。

18世纪初，法国巴黎的一位牙科医生对促进牙科医术的发展做出了重大贡献。他在固定假牙方面获得了成功：他用钢弹簧固定成套的上下牙。

假牙面临这样一个问题，就是用骨头或其他任何有机物质制作的假牙，都会为唾液所腐蚀。乔治·华盛顿就因为有牙病，而一直在寻找一副好的假牙。象牙制作的假牙，在用过一段时间之后便会产生一种令人不快的气味。为了消除这种气味，华盛顿只好在夜里睡觉时把它放在葡萄酒里浸泡。

在法国革命之前，一个巴黎的牙科医生采用了连在一起烧制的全瓷牙。大致从1845年起，人们已开始使用改进了的单颗瓷牙，这种牙可以一颗颗地安在牙床上。

在19世纪，牙科方面的大多数革新都来自美国。比如，美国人固特异发明了硬橡胶假牙。这是一种经硫化变得发硬的橡胶，它价钱

便宜，易于加工。牙齿根据口腔的压迹安在一个用硬橡胶仿制的牙床上。由于这样吻合得很好，上面一套假牙就可以自己固定了。此后，又出现了用赛璐珞制造的假牙，进一步提高了假牙的质量。

从纸筒到听诊器

故事发生在 1901 年的法国。一天，在当时颇有名气的巴黎卫生专科学校（巴黎医学院的前身）里，两位医生正在病房里为病人进行诊断。

"肺炎。"

"布鲁赛医生，我认为你诊断肺炎可能错了；病人不是肺炎，而是脓胸。"

"我重申一遍，病人是肺炎！"布鲁赛医生大动肝火，高声地喊叫着。他是一位资历较深，在巴黎社会和医学界颇有名气的"大人物"。对于无名小辈的指正，他大光其火。

"我认为，这位病人是脓胸。"答话的是到这所学校实习的医生勒内·秦奥菲尔·拉埃内克。他固执地坚持自己的判断是正确的。拉尔内克长得不高，只有 1.58 米，看上去又瘦又小，只有 20 岁。他当时正在法国西部的一座小城市里当穷医生。他虚心好学。他为了提高自己的医术水平从南特出发，步行 400 千米来到巴黎这所大城市进修，聆听当时著名的医学家让尼古拉·科维扎尔讲课。

正当争论进行得十分激烈时，科维扎尔教授走进了病房。他是拿破仑皇上的私人医生（称为御医），这个头衔使他享有崇高的声誉。面对争论得面红耳赤的双方，他说："先生们，发生了什么事？碰到难题了吗？"

布鲁赛回答说："没有什么大事！只是对这个病人的诊断，在看法上有点分歧！"

科维扎尔教授看了一下这个青年人，笑着说："好啦，两位用不着争论了！究竟是肺炎还是脓胸，用一个简单的方法就可以解决。"他转过身来又说："肺炎是肺部组织的炎症；脓胸是胸腔里面有脓液存在。这两种病症虽不相同，但如果马虎潦草地检查，有时也会混淆不清。请递给我一副穿刺用的套管针。"

一位助理医生把针头和套筒递给了科维扎尔教授。教授先在病人的胸肋间的皮肤上消毒，然后进行穿刺。当他拔出针头，仔细地看了一下抽出的液体后，他转身对拉埃内克说："你说对了！从这个病人体内抽出来的脓液，证明他患的是脓胸。"

听到科维扎尔教授这样说，拉埃内克点了下头，不再说什么。

作为一名实习医生，他在这件事上吸取了科维扎尔教授诊断技术的经验；同时，也带给了拉埃内克新的思索。

在听诊器发明之前，心肺听诊的唯一方法，是医生把耳朵贴在病人的胸膛上听。这既不方便，又不容易听清楚。即使听到一种很轻的心跳声音，至多也只能证明一个活着的人的心脏在跳动，而无法准确诊断疾病。因此，拉埃内克一直为准确听诊而苦苦思索。

1816 年的一天下午，拉埃内克信步来到罗浮宫花园内散步。花园里，有许多孩子在玩游戏。

他走到 4 男孩围着一块跷跷板玩的地方。其中，有一个男孩从地上捡起了一枚别针。他在跷跷板的一端用手将别针划着玩，另外 3 个孩子则把耳朵贴近另外一端，听通过木头传来的声音。这声音有时尖，有时沉，但听得很清楚。

孩子们都乐得叫了起来。

拉埃内克从孩子们的游戏中受到了启发。他立即返回医院，拿了几张稍硬的纸，将纸卷成筒状，做成了一个圆柱体。他把圆柱体的一头紧贴在病人的胸前，另外一头贴在自己的耳朵上。从圆柱体内传来

让爱迪生为你鼓掌

了心脏的跳动声，这比用耳朵贴在病人胸膛上听，声音清楚多了。

接着，拉埃内克又拿着纸筒做成的圆柱体，走到另外一间诊室。在那间诊室里，躺着两种不同疾病的病人。拉埃内克首先走到患肺炎的病人身旁，通过纸筒听诊，他听到的是嘶哑、短促的呼吸音。接着，他又给换脓胸的病人听诊，这次听到的声音与肺炎病人截然不同。

纸筒做成圆柱体，竟成了医疗仪器；但纸张的质地较轻软，常会影响听诊的效果。

于是，拉埃内克又对纸筒进行了改进。他用木棍，把中间掏空，做成一个空心的圆柱体，这比纸筒坚固多了。于是，他给这个新工具取了一个科学的名称：听诊器。

1819 年 8 月，拉埃内克编著的《论间接听诊法及主要运用这种新手段探索心肺疾病》出版了。这套书连同听诊器一起出售。这部著作的一部分内容后来成为医学文献中的重要章节，成为现代医学的一块奠基石。

水泥的发明

19 世纪以前，建筑技术的进步是相当缓慢的，其中一个重要原因是受建筑材料性能的限制。当时建筑材料不外乎几千年沿用下来的土、木、砖、瓦、砂、石。19 世纪 20 年代发明了水泥，以后又出现了钢材，从而使建筑技术有飞跃性进步。那么，水泥是怎样发明的呢？

在水泥发明之前，人们为了把砖或石块联结在一起，最早使用的胶结材料是天然黏土。后来人们发现石灰石经过火烧能变成石灰，具有比黏土更好的胶凝性。古代罗马人，用一种火山喷射物生成的胶结材料把石块连结成坚固的整体。火山灰是天然水泥，他们用这种材料建造斗兽场和其他宏伟建筑。可是，火山灰很有限，而且运输不便。

　　工业革命以后，要求大规模地建造水上结构，如港口、堤坝、桥涵等，推动人们去寻找耐水的胶结材料。1774年，英国工程师斯密顿在建造海上灯塔时，试用石灰、黏土、砂和铁渣的混合物砌筑基础，效果良好。后来又发现了在石灰浆中加进些砖的粉末后能提高耐火性能。经过反复试验，人们还逐渐认识到把黏土同石灰石适当地配合并加以煅烧，再磨成细粉，可以制造出性能良好的胶结材料。1824年，英国石匠营造者亚斯普丁取得了制造这种材料的专利。他的产品硬化后的颜色和强度，同波特兰地方出产的石材很相近，因而取名为"波特兰水泥"。

让爱迪生为你鼓掌

此后，人们逐步掌握水泥的化学成分和性质，不断地改进生产工艺过程，出现了专门生产水泥的工厂。法国在 1840 年，德国在 1855 年分别建设了水泥制造厂。

进入 20 世纪，特别是第二次世界大战后，水泥的标号不断提高，水泥产量不断增加。1960 年全世界水泥总产量为 3.17 亿吨，1970 年为 5.68 亿吨；1960 年全世界平均每人消耗水泥 104 千克，1970 年为 156 千克。

水泥出现以后，用水泥、砂、石和水制作的混凝土，在建筑工程中得到广泛应用。混凝土凝固以前具有很好的可塑性，能用模子浇注成各种形状，硬化以后有很高的抗压强度，而且耐火。以后又发明了钢筋混凝土，解决了混凝土容易破裂的问题，大大提高了建筑质量。水泥成为世界上最重要的建筑材料之一。

自行车的问世

现在，自行车像潮水一样，遍及世界各地，进入千家万户。但很少有人知道，发明自行车的是德国的一个看林人，名叫德莱斯（1785—1851）。

德莱斯原是一个看林人，每天都要从一片林子走到另一片林子。多年走路的辛苦，激起了他想发明一种交通工具的欲望。他想：如果人能坐在轮子上，那不就走得更快了吗！就这样，德莱斯开始设计和制造自行车。他用两个木轮、一个鞍座、一个安在前轮上起控制作用的车把，制成了一辆轮车。人坐在车上，用双脚蹬地驱动木轮运动。就这样，世界上第一辆自行车问世了。

1817 年，德莱斯第一次骑自行车旅游，一路上受尽人们的讥笑。他决心用事实来回答这种讥笑。一次比赛，他骑车 4 小时通过的距离，马拉车却用了 15 个小时。尽管如此，仍然没有一家厂商愿意生产、出售这种自行车。

1839 年，苏各兰人马克米廉发明了脚蹬，装在自行车前轮上，使自行车技术大大提高了一步。此后几十年中，涌现出了各种各样的自行车，如风帆自行车、水上踏车、冰上自行车、五轮自行车，自行车逐渐成为大众化的交通工具。以后随着充气轮胎、链条等的出现，自行车的结构越来越完善了。

铅笔的发明

在中世纪，人们用铅和银棒写字，这种工具与其说是在写字不如说是在刻字。到了 15 世纪意大利制造出第一根铅锡笔芯。

英国在 1658 年发现了石墨矿，它使写字工具发生了一场革命，尽管这种笔当时非常昂贵。

铅笔的发明者是奥地利人约瑟夫·哈特穆特。他于 1752 年 2 月 20 日出生。他的父亲是奥地利阿斯珀恩的木匠。哈特穆特在维也纳学会了泥瓦匠的手艺，后来成为建筑师，曾经创办过一家砖瓦厂。

当时写字用的笔质量低劣，他决心发明一种新笔。他想了一个主意：将黏土与石墨粉混合在一起，做成笔芯形状，在火里烧制，这样在纸上就能画出痕迹。

他在石墨粉中加入适当比例的黏土，使铅笔芯有一定的硬度。1792 年，他在维也纳开办了自己的铅笔厂。直到今天，这家铅笔厂还在生产铅笔。

钢笔的由来

钢笔是人们普遍使用的书写工具，它是在 19 世纪初发明的。1809 年，英国颁发了第一批关于贮水笔的专利证书，这标志着钢笔的正式诞生。

在早期的贮水笔中，墨水不能自由流动。写字的人压一下活塞，墨水才开始流动，写一阵之后又得压一下，否则墨水就流不出来了。这样写起字来当然是很不方便的。

到 1884 年，美国一家保险公司的一个叫沃特曼的雇员，发明了一种用毛细管供给墨水的方法，较好地解决了上述问题。这种笔的笔端可以卸下来，墨水用一个小的滴管注入。

最早的能够自己吸墨水的笔出现于 20 世纪初期，采取了一个活塞来吸墨水。当笔中采用了皮胆后，就要用一个铁片插入一个缝中去挤压皮胆来吸墨水。到了 1952 年，又出现了用一根管子伸进墨水中吸水的施诺克尔笔。直到 1956 年，才发明了现在常用的毛细管笔。

阿拉伯数字的发明

阿拉伯数字并不是阿拉伯人发明的。

公元 500 年前后，随着经济、文化以及佛教的兴起和发展，印度的数学一直处于领先地位。天文学家阿叶彼海特在简化数字方面有了新的突破：他把数字记在一个个格子里，如果第一格里有一个符号，比如是一个代表 1 的圆点，那么第二格里的同样圆点就表示 10，而第三格里的圆点就代表 100。这样，不仅是数字符号本身，而且它们所在的位置次序也同样拥有重要意义。以后，印度的学者又引出了作为零的符号。可以这么说，这些符号和表示方法是今天阿拉伯数字的老祖先了。

771 年，印度北部的数学家到了阿拉伯的巴格达，给当地人传授新的数学符号和体系，以及印度式的计算方法（即我们现在用的计算法）。由于印度数字和印度计数法既简单又方便，其优点远远超过了其他计算法，阿拉伯的学者们很愿意学习这些先进知识，商人们也乐于采用这种方法去做生意。

后来，阿拉伯人把这种数字传入西班牙。公元 10 世纪，又传到欧洲其他国家。公元 1200 年左右，欧洲的学者正式采用了这些符号和体系。至 13 世纪，在意大利一位数学家的倡导下，普通欧洲人也开始采用阿拉伯数字，15 世纪时这种现象已相当普遍。

火柴的第一朵火苗

学会取火是人类文明的重大进步。从考古学的研究来看，周口店的北京猿人已经有了人为的取火方法。

过去的取火方法大体有 4 种：摩擦法、打击法、压榨法和光学发火法。这当中，最早出现的是摩擦发火法和打击发火法。中国古代传说中有燧人氏教人钻木取火的故事。所谓钻木取火，就是用一根木棒立在另一块木块上用力旋转，使它摩擦生热而发火的做法。

在太古时代，主要是用燧石互相打击而取火。到有了钢铁之后，人们便改用铁块和打火石碰撞的取火法了。

比较科学的取火方法是 18 世纪末在罗马出现的。那时有人用一根一米多长的大木棒，在其顶端涂上浓氯酸钾、糖和树胶的混合物，当人们要使用火时，就把大棒的顶端伸进一个盛有硫酸溶液的器皿里，使二者相遇发生化学反应而燃烧。这便是火柴的雏形。

1827年，英国化学家约翰·沃克发明了与现代火柴相近似的引火棍。而这个发明也是很偶然的。有一天，沃克正在集中精力试制一种猎枪上用的发火药。方法是把金属锑和钾碱混合在一起，然后用一根棍搅拌。这样，棍的一端便粘上了金属锑和钾碱的混合物。后来，他想把粘在木棍上的混合物在地上磨掉，以便再利用这根棍来搅拌新配的混合物。然而，正当他把木棍在地上使劲摩擦时，突然"扑"的一声冒出了火苗，木棍燃烧起来了。

这个发现使沃克非常高兴。他想：如果能利用自己发现的办法制造引火物，那对人们取火将是多么方便啊！于是，他开始参照自己发现的办法研制火柴了。1827年4月7日，约翰·沃克制作的第一盒火柴出售了。他的火柴84根为一盒，售价1先令。火柴盒的一端贴有一小片砂纸，把火柴头夹在砂纸中间，向外一拉，火柴便点燃了。从此，火柴便在全世界得到了普及。

1830年又出现了黄磷火柴。这种火柴一经摩擦即可引燃，但容易出危险，而且它的烟有毒。1835年，又有人发明了安全无害的赤磷火柴。到1848年，德国人又发明了今天通用的安全火柴。火柴的发明，为人类用火提供了极大的方便。

铁的制造技术

铁广泛存在于地球表面上的土、石当中，但都很分散，量也不大。它集中存在于铁矿石里。为了把铁从铁矿石里提炼出来，首先要把矿石用高温烧化。古时候的办法是在地上挖个坑，坑里装上矿石和木柴，然后点火燃烧使矿石熔化，矿石里的铁便熔化而和石质分离流出。

在叙利亚北部的特尔沙贾巴扎发现了约公元前 2700 年的这种熔铁，在特拉斯马尔发掘出了约公元前 2400 年的装在铜柄上的锈蚀的铁刀，在乌尔出土了一个约公元前 2000 年的锻冶场的遗址。

但在这个时期，熟铁是非常昂贵的，它不是用来做日常用品，而是用来做装饰品和仪仗队的武器。比如，在著名的荷马史诗中，就是把黄金和铁相提并论的。

熟铁是很软的，做武器容易卷刃，解决这个问题的办法是用钢。古人使熟铁变成钢的办法，是用"渗碳"的方法。这种方法也和炼制熟铁一样，把熟铁烧红，趁热锤打。这样反复加热，反复锤打，不断使碳从熟铁表面渗入里层，就成为一层坚硬的钢。

在这个过程中，人们体验到了铁在什么情况下最坚固，以及如何

让爱迪生为你鼓掌

使铁变得更加坚固的技术。在公元前1500年的亚美尼亚地区，已经实行了这种"渗碳"炼钢的方法。以后又有了叫作"淬火"的技术，就是把铁先用"渗碳"法炼成钢，再加热，紧接着把它投入到冷水中。这样一来，钢就变得非常坚硬了。

但经过"淬火"的钢会稍稍变脆，容易断裂。为解决这个问题，人们又发明了"回火"这项重要的技术。"回火"就是把经过"淬火"的钢再次加热到不太高的温度，然后使它缓慢地冷下来。这样钢的脆性就大大降低，成为坚韧的材料了。

这一系列的发明都是在漫长的岁月里，由很多不知名的人完成的。他们也许从未获得过发明家的称号，但他们的确为人类文明做出了重要贡献。

玻璃的由来

关于玻璃这一现代生活中司空见惯的建筑材料的发明过程，有一段颇富传奇色彩的故事：

很久以前的一个阳光明媚的日子，有一艘腓尼基人的大商船来到地中海沿岸的贝鲁斯河河口。船上装了许多天然苏打的晶体。对于这里海水涨落的规律，船员们并不掌握。当大船走到离河口不远的一片美丽的沙洲时便搁浅了。

被困在船上的腓尼基人，索性跳下大船，奔向这片美丽的沙洲，一边尽情嬉戏，一边等候涨潮后继续行船。中午到了，他们决定在沙洲上埋锅造饭。可是沙洲上到处是软软的细沙，竟找不到可以支锅的石块。有人突然想起船上装的天然结晶苏打，于是大家一起动手，搬来几十块垒起锅灶，然后架起木柴燃了起来。饭很快做好了。当他们吃完饭收拾餐具准备回船时，突然发现了一个奇妙的现象：只见锅下沙子上有种东西晶莹发光，十分可爱。大家都不知道这是什么东西，以为发现了宝贝，就把它收藏了起来。其实，这是在烧火做饭时，支着锅的苏打块在高温下和地上的石英砂发生了化学反应，形成了玻璃。

聪明的腓尼基人意外地发现这个秘密后，很快就学会了制作方法，他们先把石英砂和天然苏打搅拌在一起，然后用特制的炉子把它们熔化，再把玻璃液制成大大小小的玻璃珠。这些好看的珠子很快就受到外国人的欢迎，一些有钱人甚至用黄金和珠宝来兑换，腓尼基人由此发了大财。

当然，这个故事是否真实可信，已难以考查，但实际上，早在公元前 2000 年，美索不达米亚人就已开始生产简单的玻璃制品了，而真正的玻璃器皿则是于公元前 1500 年在埃及出现的。从公元前 9 世纪起，玻璃制造业日渐繁荣。到公元 6 世纪前，在罗得岛和塞浦路斯岛上已有玻璃制造厂。而建于公元前 332 年的亚历山大城，在当时就是一个生产玻璃的重要城市。

从公元 7 世纪起，阿拉伯一些国家如美索不达米亚、波斯、埃及和叙利亚，其玻璃制造业也很繁荣。它们当时已能够用透明玻璃或彩色玻璃制造清真寺用的灯。

在欧洲，玻璃制造业出现的时间比较晚。在大约 18 世纪之前，欧洲人都是从威尼斯购买高级玻璃器皿。一个伦敦商人于 1669 年 9 月 17 日寄给威尼斯玻璃制造商的一封信中写道："……我们特别需要平的玻璃板！请不要把包好的镜片玻璃放在装酒杯的箱子底下运输！最好用一两个牢固的箱子仔细包装……"这种情况随着 18 世纪欧洲人雷文斯克罗特发明一种透明性更好的铝玻璃逐步改变；玻璃生产业由此在欧洲兴盛起来。

让爱迪生为你鼓掌

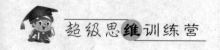

电话的档案

电话的发明并不是哪一个人的功劳，而是大批学者共同努力的结果。

1871年，贝尔从苏格兰回到美国，任波士顿大学音响生理学教授。贝尔的父亲是著名的语言学家，是聋哑人手语的发明者。贝尔的妻子就曾是他的学生，一位耳聋的姑娘。贝尔在致力于研究声学和教授哑语之余，还潜心研制一种多路传输的电报系统。1875年的一天，贝尔和他的助手沃森分别在两个房间配合做一项试验，由于机件发生故障，沃森看管的发报机上的一块铁片在电磁铁前不停地振动。这一振动产生了波动的电流沿着导线传播，使邻室的一块铁片产生了同样的振动，振动发出的微弱声音被贝尔听到了，引起这位善于发现与思考的年轻人的极大注意，由此启发他产生了新奇的联想和构思。1875年6月贝尔和沃森利用电磁感应原理，试制出世界上第一部传递声音的机器——磁电电话机，并于1876年2月14日向美国专利局递交了专利申请书。

这种电话机的原理是：对着话筒说话，使话筒底部的金属膜片随声音而振动，膜片的振动带动一根磁性簧片随之振动，在电磁线圈中便产生了感应电流，电流经导线传至受话一方，使受话器上的膜片相应地振动，将话音还原出来。

然而，这台机器真正开始工作是在1876年3月10日这一天。当时，贝尔正在做实验，不小心把硫酸溅到脚上，他痛得不禁对着话筒向正在另一房间里的沃森大叫："沃森，快来帮帮我！"不料，这一求助声竟成为世界上第一句由电话机传送的话音，沃森从听筒里清晰地听到了贝尔的声音。

在贝尔研制电话机的同时，格雷发明了相同原理的液体电话机。而且十分巧合，在贝尔提出专利申请的同一天，格雷也向纽约专利局提出专利申请，并将专利发明权转卖给美国最大的威斯汀电信公司。于是，一场争夺电话发明权的诉讼案一直持续了 10 多年。后来经详细调查，发现贝尔申请专利的时间比格雷大约早两小时，法院据此裁决，电话发明专利当属亚历山大·贝尔。

此后，发明大王爱迪生也投身于电话机的改良工作。1878 年，他研制出碳精送话器，并获得了专利。他的这项发明使电话的性能大大提高。直至今日，我们的大部分电话机使用的仍是碳精送话器。最初的电话机上要自备电池和手摇发电机，才能发出呼叫信号，它只能用作固定通话。1880 年到 1890 年间出现了一种"共电式电话机"，可以共同使用电话局的电源。这项改进使电话结构大大简化了，而且使用方便，拿起手机便可呼叫。自动电话机是在共电式电话机的基础上增加了一只小小的拨号盘，从此，人们就可以通过交换台任选通话对象了。

尼龙的发明

尼龙还没出现前，人们制作衣服的材料基本上源于植物，比如棉花、树皮等。尽管在 19 世纪末期，法国科学家发明了人造丝，但它的原料依然没有脱离植物纤维。由人造丝制作的衣物在上层社会很受欢迎，但它有一个缺点，那就是不牢固。人们希望有一种材料做的衣服既轻便又牢固。

1928 年，美国的杜邦公司成立了化学研究所，年轻的科学家卡罗萨斯担任负责人。卡罗萨斯带领的科研组想用化学方法合成人造纤维。研制人造纤维是一件非常艰难的工作，但这并没有难倒卡罗萨斯

让爱迪生为你鼓掌

和他的科研组。在卡罗萨斯的带领下，大家积极工作，分工协作，虽然进步很小，却没有人轻言放弃。

1932年夏季的一天，卡罗萨斯像往常一样来到实验室。细心的他注意到一根玻璃棒的一端沾有一些白色黏状物质，他拿起来一看，原来是没来得及清洗的聚酰胺。卡罗萨斯好奇地用手拉了一下。居然出现了白色的细丝，还可以拉得更长，甚至比天然丝更细，而且弹性很好。但是进一步的实验发现这种丝不耐高温，当温度达到70℃时就熔化了。科研小组的同事继续探索、反复实验，寻找合成细丝的原料，终于在1935年他们研制出了一种比蜘蛛丝还细，却无比牢固的丝，科学家将这种物质命名为尼龙。接着，杜邦公司开始大量生产尼龙并投放到市场上，抢占了商机。

二战期间，用尼龙制成的降落伞在战争中发挥了巨大的作用。现在我们身边也随处可见用尼龙制作的物品。它的发明，被誉为化纤工业的第三次革命。

爱迪生和电灯

19世纪初，英国一位化学家用2000节电池和两根碳棒，制成世界上第一盏弧光灯。但这种光线太强，只能安装在街道或广场上，普通家庭无法使用。无数科学家为此绞尽脑汁，想制造一种价廉物美、经久耐用的家用电灯。

爱迪生出身低微、生活贫困，他的"学历"是一生只上过3个月的小学，老师因为总被他古怪的问题问得张口结舌，竟然当他母亲的面说他是个傻瓜、将来不会有什么出息。母亲一气之下让他退学，由她亲自教育。这时，爱迪生的天资得以充分地展露。在母亲指导下，他阅读了大量的书籍，并在家中自己建了一个小实验室。为筹措实验室的必要开支，他只得外出打工，当报童、办报纸。最后用积攒的钱在火车的行李车厢建了个小实验室，继续作化学实验研究。后来，化学药品起火，几乎把这个车厢烧掉。暴怒的行李员把爱迪生的实验设备都扔下车去，还打了他几记耳光；据说爱迪生因此终生致聋。

1878 年 9 月，爱迪生决定向电力照明这个堡垒发起进攻。他翻阅了大量的有关电力照明的书籍，决心制造出价钱便宜、经久耐用，而且安全方便的电灯。

他从白热灯着手试验。把一小截耐热的东西装在玻璃泡里，当电流把它烧到白热化的程度时，便由热而发光。他首先想到炭，于是就把一小截炭丝装进玻璃泡里，可是，刚一通电马上就断裂了。

"这是什么原因呢？"爱迪生拿起断成两段的炭丝，再看看玻璃泡，过了许久，才忽然想起，"噢，也许因为这里面有空气，空气中的氧又帮助炭丝燃烧，致使它马上断掉！"于是他用自己手制的抽气机，尽可能地把玻璃泡里的空气抽掉。一通电，果然没有马上熄掉。但 8 分钟后，灯还是灭了。

可不管怎么说，爱迪生终于发现：真空状态时白热灯显得非常重要，关键是炭丝，问题的症结就在这里。

那么应选择什么样的耐热材料好呢？

爱迪生并不气馁，继续着自己的试验工作。他先后试用了钡、钛、铟等各种稀有金属，效果都不很理想。

过了一段时间，爱迪生对前边的实验工作做了一个总结，把自己所能想到的各种耐热材料全部写下来，总共有 1600 种之多。

接下来，他与助手们将这 1600 种耐热材料分门别类地开始试验，可试来试去，还是采用白金最为合适。由于改进了抽气方法，使玻璃泡内的真空程度更高，灯的寿命已延长到 2 个小时。但这种以白金为材料做成的灯，价格太昂贵了！谁愿意花这么多钱去买只能用 2 个小时的电灯呢？

让爱迪生为你鼓掌

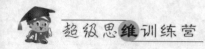

实验工作陷入了低谷，爱迪生非常苦恼。一个寒冷的冬天，爱迪生在炉火旁闲坐，看着炽烈的炭火，口中不禁自言自语道："炭炭……"

可用木炭做的炭条已经试过，该怎么办呢？爱迪生感到浑身燥热，顺手把脖子上的围巾扯下，看到这用棉纱织成的围脖，爱迪生脑海突然萌发了一个念头：对！棉纱的纤维比木材的好，能不能用这种材料？

他急忙从围巾上扯下一根棉纱，在炉火上烤了好长时间，棉纱变成了焦焦的炭。他小心地把这根炭丝装进玻璃泡里，一试验，效果果然很好。

爱迪生非常高兴，紧接又制造很多棉纱做成的炭丝，连续进行了多次试验。灯泡的寿命一下子延长 13 个小时，后来又达到 45 小时。

这个消息一传开，轰动了整个世界。使英国伦敦的煤气股票价格狂跌，煤气行也出现一片混乱。人们预感到，点燃煤气灯即将成为历史，未来将是电光的时代。

大家纷纷向爱迪生祝贺，可爱迪生却无丝毫高兴的样子，摇头说道："不行，还得找其他材料！"

"怎么，亮了 45 个小时还不行？"助手吃惊地问道。"不行！我希望它能亮 1000 个小时，最好是 16 000 个小时！"爱迪生答道。

大家知道，亮 1000 多个小时固然很好，可去找什么材料合适呢？

爱迪生这时心中已有数。他根据棉纱的性质，决定从植物纤维这方面去寻找新的材料。

于是，马拉松式的试验又开始了。凡是植物方面的材料，只要能找到，爱迪生都做了试验，甚至连马的鬃、人的头发和胡子都拿来当灯丝试验。最后，爱迪生选择竹这种植物。他在试验之前，先取出一片竹子，用显微镜一看，高兴得跳了起来。于是，把炭化后的竹丝装进玻璃泡，通上电后，这种竹丝灯泡竟连续不断地亮了 1200 个小时！

照相机的由来

照相是一种能把有形之物原样不变地记录下来的技术。古代，人们为了把物体的形状记录下来，只有采取绘画的方法。但再高明的画师，也难以把物体的原形毫不走样地记录下来。

为了解决这个问题，人们发明了利用光学原理的照相。最原始的照相机就是所谓的"针孔照相"。这是通过针孔使物体的像映照在墙壁上的做法。例如著名画家达·芬奇就曾用这种方法把风景正确地映照在墙上。但是，这种针孔照相本身并不能记录，只是投影而已。达·芬奇为了把针孔投影记录下来，曾经对投影的像用铅笔描绘，作为记录。

1802 年，英国人维丘德首先利用硝酸银的感光作用，把硝酸银涂在纸片上，制成了印像片。1827 年，法国人尼布斯在锡板或玻璃板上撒上沥青粉末，上面再敷上一层油或蜡，使之成为半透明体。在阳光下，经过长时间照射，可以留下实物的白色影子，制成不会消逝的照片。但是，每拍一张这样的照片，就要在阳光下晒上 6~8 个小时，这样复杂的过程显然不适合实际使用。

到了 1839 年，照相技术有了新进展。一位叫达盖尔的法国学者在一个偶然的机会里发现了一种新的感光材料。达盖尔在研究照相技术时，无意中把一把银匙放在用碘处理过的金属板上，过了一会儿，达盖尔发现这把银匙的影子居然印到了板上。这一现象使他大为吃惊。于是他专门磨制金属板，并在上面涂了碘，用镜头进行拍摄，果然拍下了薄薄的影子。这一成功，极大地鼓舞了达盖尔。

达盖尔继续向突破照相技术的最后难关进军。又是一个偶然的发现帮了他的大忙。有一天，达盖尔到药品箱中找药品，突然看到过去曾经曝过光的底片上，影像已经变得十分清晰。这是什么原因呢？为了找到答案，他每天晚上将一张曝过光的底片放在药箱里，第二天早晨，在取出底片的同时取出一瓶药。他想：如果某一种有效药品被取出箱外，再放进曝过光的底片就不可能显现清晰。

但是使达盖尔意外的是，当箱子里的药品全部取完后，底片仍然显像清晰。这不禁使达盖尔感到十分惊异。为了彻底查清原因，达盖尔把箱子翻来覆去进行反复检查，终于发现了箱子里有一些小水银珠。他立刻意识到，奇迹一定是水银造成的。经过分析后达盖尔认为：因箱子里温度较高，使水银蒸发，影响底片，使其显像良好。

为了证实这一判断，达盖尔把曝过光的底片放在暗室里，用水银蒸气进行试验，果然取得了预期效果。这样，达盖尔就解决了照相的关键技术——显影问题。接着，他又解决了定影技术，从而彻底解决了照相技术问题。

达盖尔的发明和现在的照相技术基本上是相同的。所以，照相技术的发明应当归功于达盖尔。

充气轮胎的由来

早在 1836 年，比利时人迪埃兹就曾提出过充气轮胎的看法。1845 年，英国米德尔塞克斯的土木工程师罗伯特·W. 汤姆逊发明了用皮包裹，内充空气或马毛的轮胎，但没有实际使用。1888 年居住在爱尔兰贝尔法斯特的苏格兰兽医约翰·伯德·邓洛普，看到自己儿子自行车的实心橡胶轮在石头路上颠簸很厉害，于是用一根通过活门充气的管子，外面涂上橡胶作保护层，做了一个气胎。这种气胎缠在车轮上，如果要修补内管的刺孔，就必须首先用苯把涂的橡胶泡下来，修好后再涂上橡胶。这种新轮胎一开始受到人们的嘲笑，但他的儿子骑此车参加比赛获得了第一名，于是此项发明受到人们的重视。邓洛普为他的发明申请了专利，放弃了兽医职业，建立了世界上第一家轮胎制造厂，开始生产橡胶轮胎。从 1894 年起，早期大批量生产的"希尔德布兰德"和"沃尔米勒"牌摩托车正式使用了邓洛普轮胎。

法国的安德烈·米许林和爱德华·米许林两兄弟的米许林公司 1892 年发明了一种可以拆卸的充气橡胶轮胎。过去只有专门修理工才能处理的爆胎事故，现在一般人一刻钟就可以修理好了。这一发明影响了整个世界。1895 年，米许林兄弟第一次派装有可拆装轮胎的"闪电"号小汽车参加巴黎—波尔—巴黎汽车赛。轮胎汽车正式登上了历史舞台，并迅速普及全世界。

1908 年，米许林公司研制出了双式车轮，有效地解决了重型汽车的轮胎负荷问题。1937 年，米许林公司又研制出了子午线轮胎，这种命名为"蝇笼"的轮胎胎面，由多层帘布层加强，并用分层钢丝帘线层箍紧。这些帘线层均与轮胎钢丝垂直排列，极大地改善了轮胎行驶方向的稳定性。1981 年，英国邓洛普公司又发明了一种新型轮胎，在穿孔的情况下汽车仍可继续行驶，而轮胎不会从轮辋上脱出。胎冠内表面涂有聚凝胶，既是密封剂，又是润滑剂。

电冰箱的由来

古时候，有钱人家让人从高山上或结冰的江河湖泊把封冻的冰块取来，贮存在地窖里，作为食物保鲜之用。在过去的农村里，也有一种把新鲜肉类或果品吊在深水井里的办法，利用水井中的低温来延长保存的时间。

但这些方法都比较费事，不便于家庭使用。直到制冷机发明之后，才使人们找到了一种更为科学的保鲜方法。

制冷机是怎样发明的呢？制冷原理的发现者是英国著名的物理学家法拉第。他在 1822 年发现，给氨或氯之类的气体加压，就可以使它变成液体，取消压力之后，它又重新变成气体。

50 年以后，德国化学家林德提出了一个设想：如果利用法拉第发现的现象，先加压力使氨气液化，然后将此液化物向一个狭小的空间放出，它会立即蒸发成气体，同时吸收蒸发热，使周围的温度下降。如果使这一过程在密闭容器中反复进行，那就会实现人工冷冻。按照这一设想，林德进行了反复试验，终于在 1873 年发明了冷冻机。

但这种冷冻机有一个明显的缺点，就是一旦发生故障，氨气外泄，就会臭气逼人，影响左邻右舍。

为了改进冷冻机，1930年美国通用汽车公司研究所所长凯特灵受一家冷冻公司的委托，开始研制新的冷媒。凯特灵把研制任务交给了自己的得意门生米吉里。米吉里和他的另外两位年轻的同事合作，经过有系统的研究，终于找到了二氟二氯甲烷这种最适宜的气体化合物，并通过动物试验，证明它无毒。他们给这种气体化合物起了个商品名叫氟利昂，并成立了一个化学公司，专门进行氟利昂的生产。

随着新冷媒氟利昂和小型制冷机的出现，电冰箱很快地进入了千家万户，给人们的生活带来了很大方便。

高压锅的发明

高压锅作为厨房用具的历史并不太长，但它的出现却是300多年前的事了。发明高压锅的是法国科学家帕平。他于1647年出生于法国的布卢瓦，后来到伦敦，担任著名科学家波意耳的助手。由于他有很多发明创造，被吸收为英国皇家学会会员。

帕平早就有发明高压锅的念头。他想，既然水沸腾的温度可以随着压力的升高而上升，那么，要是把盛水的容器密封起来，在使蒸汽不外泄的情况下加热，器内的压力增高，沸点也会超过100℃。如果把食物放在这样的容器里，一定会熟得更快，煮得更烂。按照这一设想，他开始进行试验。

在密闭的容器里给水加热是很危险的。因为蒸汽不能外泄，它对容器的压力就要大大升高，最后就会像炸弹一样引起容器爆炸。为了使容器内的压力不至于太高，帕平发明了一个减压装置，用它使蒸汽在达到危险压力以前就放泄出去，这个装置就是现在高压锅上的"安全阀"。帕平给他发明的安全高压锅取了个名字叫"消化器"。

高压锅的初次使用是在皇家学会会员的一次集会上，帕平用他发

— 103 —

明的高压锅做了菜请大家品尝，给大家留下了深刻的印象。当时出席这次集会的皇家学会会员约翰·叶维林在他的日记中这样写道：1681年4月12日。这天下午，几位皇家学会会员受帕平的邀请共进晚餐。席上的鱼、肉全是用帕平的"消化器"烧煮的，连最硬的牛羊肉都煮得像奶酪一样稀烂，只用了8盎司的煤就煮出了大量的肉汁。用牛骨煮的肉冻香气扑鼻，是我从未吃过、也从未见过的。

1681年，帕平写了一本书介绍这种装置。这本书包括一幅高压锅结构图和详细说明其结构的文字，并用若干章的文字详细介绍了用压力锅做羊肉、牛肉、兔子肉、鸽子肉、鲭鱼、狗鱼、大豆、青豆等食物的情况。帕平一再强调说，用这种烹调法能保留用其他方法不能保留的香味和营养成分。

英皇查理二世对这一发明极感兴趣，并特地命令帕平为他制造了一个，放在白金汉宫中国王的实验室里。

几年后，帕平开始任皇家学会的临时实验室主任，1712年前后逝世于伦敦。

发电机引领电气时代

发电机的发明是以电磁学的创立为理论基础的。而奠定电磁学的实验基础的，是英国化学家和物理学家法拉第。

法拉第由于家庭贫困，只上过两年小学，12岁就上街卖报，13岁到一个书商兼订书匠的家里当学徒。他求知欲望十分强烈，利用订书的空闲时间，如饥似渴、废寝忘食地阅读了许多有关自然科学方面的书籍。他在听过大化学家戴维的科学讲演以后，把整理好的讲演记录送给戴维，并且附信，表明自己愿意献身科学事业，进行"毛遂自荐"，结果如愿以偿。他22岁时当了戴维的实验助手。

1820年，奥斯特发现了电流对磁针的作用；法拉第敏锐地认识到它的重要性。1821年，法拉第在日记中写下了一个设想：用磁生电。到1831年他终于发现，一个通电线圈产生的磁力虽然不能在另一个线圈中引起电流，但是当通电线圈的电流刚接通或中断时，另一个线圈中的电流指针有微小偏转。法拉第抓住这个发现反复做试验，证实了当磁作用力发生变化时，另一个线圈中就有电流产生。

法拉第发现线圈在磁场运动中可以产生电流，指明了制造发电机的原理。按照这个原理，最初制造的几种发电机都用永久磁铁提供磁场，用蒸汽机带动线圈转动。从1840年到1865年，已经有庞大笨重的永久磁铁发电机在运转。这种发电机的磁场太弱，发电效率很低。1866年，德国工程师西门子发明了一种发电机，它能够提供强有力的电流。

西门子年轻的时候曾经当过炮兵，熟悉新发展起来的电报。1847

年他成立西门子公司，从事生产电报设备和建立电报线路的工作。西门子公司不单生产现成设备，它还有科学实验室。这个实验室发明了用于电报线的树胶绝缘体和电报装置中的电枢引铁等。实验室的种种发明极大推动了公司的业务活动。为了解决德国电镀工业对电力的大量需要，在西门子的指导下，1866年公司实验室研制成功用电磁铁代替永久磁铁的自激磁场式发电机。这种新型发电机效率高，发电容量大，成为现代电力工业的基石。

有了发电机，发电厂相继建立起来，输电网也随着出现。发电机的诞生标志了人类开始进入电气时代。

地图的发明

在史前时代，古人就知道用符号来记载或说明自己生活的环境、走过的路线等。而最早的地图大约是公元前2250年美索不达米亚（今伊拉克）人制作的。起先，地图仅仅包含一小块当地区域。它们通常用来显示个人的小块土地，或者简要表明新建筑物的计划。

古代埃及人发现了地图对表明财产所有权很有用。这是因为他们生活在尼罗河畔，而这条河每年都要泛滥。泛滥的河水移动了分界石的位置，所以地图可以用来解决所有权方面的种种争执。

古代希腊人以更为冒险的方式使用地图。他们在地中海到处航行建立新的殖民地，就在地图上把这些殖民地都圈进去。他们逐步建立了自己的世界性版图，使人们更为方便地寻找到周围的道路。

另外，他们还自己绘制世界地图。这些早期地理学家中最伟大的当数托勒密。他写过一本关于地图绘制的书，叫作《地理学》。书中描述了不同的投影图法，以及在平面上绘制地球曲线的方法。

柴油机的发明

狄塞尔 1858 年 3 月 18 日生于巴黎。父母是德国人。童年时期在巴黎受教育,后获得奖学金进入慕尼黑技术大学学习,毕业后于 1879 年在瑞士的苏尔泽兄弟公司工作。两年后回到巴黎,成为一个国际冷冻公司的工程师和推销员。狄塞尔于 1885 年开始研究动力机器。他用压缩空气的高温直接在汽缸中点燃燃料,并于 1892 年获得了这种机器的专利,同年制造了第一种试验机,即原始的柴油机。1893 年第一次试验时,压力达到了 80 大气压,为当时人类第一次记录下来的最高压力,但是立刻发生了爆炸。经过第一次失败后,狄塞尔改进机器并在 1894 年继续试验。这次试验运转了一分钟,证明这种原动机有强大的发展潜力。

1896 年柴油机试验成功。1897 年狄塞尔完善了他的发明。1898 年狄塞尔的柴油机获得了商业上的成功。他对 1892 年的专利做了很大修改,把烧煤粉改为烧液体燃料,把无冷却改为用水冷却,把定温加热改为定压加热。1904 年和 1912 年他两次到美国。第一次世界大战时,他的柴油机成为各国潜艇的主要动力。1913 年 9 月 30 日他去英国乘船横渡英吉利海峡时失踪,人们猜测他死于海中。

电视机诞生的日子

1923 年的一天,一个朋友告诉贝尔德:"既然马可尼能够远距离发射和接收无线电波,那么发射图像也应该是可能的。"这使他受到很大启发。贝尔德决心要完成"用电传送图像"的任务。他将自己仅

让爱迪生为你鼓掌

有的一点财产卖掉，收集了大量资料，并把所有时间都投入到研制电视机上。

1925年10月2日是贝尔德一生中最为激动的一天。这天他在室内安上了一具能使光线转化为电信号的新装置，希望能用它把比尔的脸显现得更逼真些。下午，他按动了机上的按钮，一下子比尔的图像清晰逼真地显现出来。他简直不敢相信自己的眼睛！他揉了揉眼睛仔细再看，那不正是比尔的脸吗？那脸上光线浓淡层次分明，细微之处清晰可辨，那嘴巴、鼻子，那眼睛、睫毛，那耳朵和头发，无一不一清二楚。

贝尔德兴奋得一跃而起，此时浮现在他脑际的只有一个念头：赶紧找一个活的比尔来，传送一张活生生的人脸出去。贝尔德楼底下是一家影片出租商店。这天下午，店内营业正在进行，突然间楼上"搞发明的家伙"闯了进来，碰上第一个人便抓住不改。那个被抓的人便是年仅15岁的店堂小厮威廉·台英顿。几分钟之后，贝乐德在"魔镜"里便看到了威廉·台英顿的脸——那是通过电视播送的第一张人的脸。接着，威廉得到许可也去朝那接收机内张望，看见了贝尔德自己的脸映现在屏幕上。实验成功了！接着，贝尔德又邀请英国皇家科学院的研究人员前来观看他的新发明。1926年1月26日，科学院的研究人员应邀光临贝尔德的实验室，放映成功，引起极大的轰动。这是贝尔德研制的电视第一天公开播送。世人将这一天作为电视诞生的日子。

从独木舟到船的现代化

中国是世界上最早制造出独木舟的国家之一，并利用独木舟和桨渡海。独木舟就是把原木凿空，人坐在上面的最简单的船，是由筏演变而来的。虽然这种进化过程极其缓慢，但在船舶技术发展史上，却迈出了重要的一步。独木舟需要较先进的生产工具，依据一定的工艺过程来制造，制造技术比筏要难得多，其本身的技术也比筏先进得多，它已经具备了船的雏形。

在中国，商代已造出有舱的木板船。汉代的造船技术更为进步，船上除桨外，还有锚、舵。

唐代，李皋发明了利用车轮代替橹、桨划行的车船。

宋代，船普遍使用罗盘（指南针），并有了避免触礁沉没的隔水舱。同时，还出现了 10 桅 10 帆的大型船舶。15 世纪，中国的帆船已成为世界上最大、最牢固、适航性最优越的船舶。中国古代航海造船技术的进步，在国际上处于领先地位。

18 世纪，欧洲出现了蒸汽船。19 世纪初，欧洲又出现了铁船。19 世纪中叶，船开始向大型化、现代化发展。

汽车诞生日

1886 年 1 月 29 日，两位德国人卡尔·本茨和戈特利布·戴姆勒获得世界上第一辆汽车的专利权，标志着世界上第一辆汽车诞生。

随后这一天就被人们称为汽车诞生日。

卡尔·本茨就是现今德国大名鼎鼎的"奔驰"汽车公司的祖宗，戴姆勒是奔驰汽车公司的创始人之一。1878 年本茨 34 岁时，首次研制成功了一台二冲程煤气发动机。1883 年开始创建"奔驰公司和莱茵煤气发动机厂"。1885 年 10 月，本茨设计制造了一辆装汽油机的三轮汽车。本茨最早制造的这辆车，由于性能不过关，经常熄火抛锚。但本茨并没有因此而丧气。1886 年 1 月 29 日，本茨取得了专利权。此后这辆车终于以全新的面貌行驶在曼海姆城的大街上。因此德

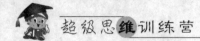

国人把 1886 年称作汽车的诞生年。本茨的这辆三轮汽车，现珍藏在德国慕尼黑科技博物馆，保存完美无瑕，还可以发动，旁边悬挂着"这是世界第一辆汽车"的说明牌。这辆汽车 1994 年曾以 1 亿马克的高价保险运到北京"国际家庭轿车研讨及展示会"上展览。另一位工程师戈特利布·戴姆勒，是世界第一辆四轮汽车的创始者，被人们称作"世界汽车之父"。

1882 年，戴姆勒辞去奥托公司职务，与朋友们共同创建汽车制造厂。1883 年，他发明成功了世界第一台高压缩比的内燃发动机，成为现代汽车发动机的鼻祖。1885 年，戴姆勒把它的单缸发动机装到自行车上，制成了世界上第一辆摩托车。接着，在迈巴赫的协助下，在一辆四轮马车上装上自己的发动机，这便是世界上最早的四轮汽油汽车。1890 年，他创建戴姆勒发动机公司，1926 年同奔驰汽车公司合并，成立戴姆勒—奔驰汽车公司。

香烟的发明

　　吸烟是有害健康的，但世界上仍有许多人喜欢吸烟，而且人们还把向人敬一支香烟看作一种友好的表现。在一定意义上说，吸烟已成为一种具有文化意义的普遍社会现象。

　　然而在 18 世纪末以前的欧洲，没有一个有身份的人愿意接受作为雪茄替代品的其他不值钱的香烟。因为那时香烟还是一种财富的象征，吸的香烟档次高低，反映着本人的地位与身份。

　　雪茄是 1600 年前后由西班牙人引进欧洲的。纸卷的烟当时是很不值钱的，它最初是西班牙塞维利亚地区的乞丐抽的一种劣质烟。这些乞丐把雪茄的烟蒂捡起来用纸重新卷过，称之为纸烟。但是，到 1873 年的经济危机时，许多有烟瘾的人发现，从市场上买些便宜的香烟抽能够大大减少经济上的支出。于是，在经济利益的驱使下，一些有钱人也开始抽起纸烟来了。

　　香烟从西班牙传到意大利和葡萄牙，再由商人传到俄国和地中海诸国及岛屿。法国人和英国人在西班牙国土上进行 1808—1814 年的拿破仑战争时，才开始接触到少量的香烟。

　　1853 年，古巴的哈瓦那建起了一个卷烟厂，生产的香烟劲小而温和，直到克里米亚战争时，抽这种烟的人才多了起来。最初时，英国人喜欢抽温和的土耳其香烟，但时间不久，他们又选择了弗吉尼亚烤烟，而美国人都喜欢抽土耳其和其他地方的烟叶。

　　最早的香烟既有工厂卷的，也有吸烟者自己卷的。现在，用手工卷烟的已经很少了。因为 1860 年切碎机发明后，卷烟工业就引进了机器，开始了机械化的生产。

　　到 20 世纪 20 年代，香烟的销售量超过了雪茄的销售量。从那以

后，人们对香烟的需求稳步上升。新近的科学研究表明，抽烟能引起肺癌、心脏病和其他许多身体失调现象。令人遗憾的是，这种宣传对香烟的销售量并没有产生多大影响，就美国政府来说，政府每年征收的香烟税都在 20 亿美元以上。

直升机的身世

伊戈尔·伊万诺维奇·西科斯基，是世界著名飞机设计师及航空制造创始人之一。他一生为世界航空做出了相当多的功绩，而其中最著名的是设计制造了世界上第一架 4 台发动机大型轰炸机和世界上第一架实用直升机。

西科斯基于 1889 年 5 月 25 日生于俄国基辅。1903—1906 年曾就读于彼德堡海军学校和基辅工业学院。他从小就沉迷于航空，尤其对达·芬奇所画的直升机原理和从中国传来的竹蜻蜓特别感兴趣。12 岁那年，小西科斯基就制作了一架橡皮筋动力的直升机模型，显示其富于创造的天赋。

真正坚定了他投身航空的决定性事件是莱特兄弟发明了世界上第一架载人动力飞机。1908 年，威尔伯·莱特驾机来到巴黎做飞机表演，西科斯基有幸目睹到了前辈们的英姿后，便决定要自己动手制造这种"会飞的机器"。1909 年，他开始研制直升机，但在当时的发动机和飞行理论水平下，直升机根本不可能成功。经过多次失败后，西科斯基不得已停下来，转而研制固定翼飞机，这一放，就是 30 年。

从 1910 年到 1912 年，西科斯基设计并制造了 S－1 至 S－6 型飞机以及"俄罗斯勇士"的四发大型飞机直至世界上公认的第一架"伊里亚·穆罗梅茨"重型轰炸机，

1919 年，西科斯基移居美国。1923 年组建了西科斯基航空工程

公司，但并不成功，公司很不景气。1928 年他加入了美国国籍，并于次年组建了西科斯基飞机公司，开始研制水上飞机，先后交付了 S－38、S－40、S－42 和 S－44 等型号，其中 S－44 曾创下了飞越大西洋的最快纪录——14 小时 17 分钟。

在积累了无数教训和经验、创造了多次辉煌后，西科斯基仍没有忘记儿时的梦想，又回到了直升机的研制中。不到 3 年功夫，他解决了直升机最大的难题——直升机在空中打转儿的毛病。他巧妙地在机尾装了一副垂直旋转的抗反作用力的小型旋翼——尾桨，终于使直升机能飞上了天空。

1939 年 9 月 14 日，西科尔斯基把一架直升机升到空中，高约两三米，平稳地悬停了 10 秒钟之久，然后轻巧地降落回地面。这在航空史上是崭新的篇章，他成功地让世界上第一架真正的直升机——VS－300 升空了。经反复试飞，VS－300 具有良好的操纵性能，具备了现代直升机的基本特点。1940 年底，美国陆军决定大量购买 VS－300 的改进型 VS－316，军队编号为 R－4。

R－4 为双座机，主旋翼直径 11.58 米，最大重量 1152 千克，使用一台 185 马力活塞发动机，巡航速度为 109 千米/小时，航程为 320 千米，升限为 1524 米。它能垂直起降、悬停、前飞、后飞、侧飞以及无动力自转下降等，完全具备了现代直升机的飞行特点。第一架 R－4 于 1942 年 5 月交付美国陆军使用，以后，西科斯基在 R－4 的基础上，又发展了 R－5 和 R－6 型直升机，使性能更为完善，西科斯基飞机公司因而赚了大钱。

降落伞的由来

在历史上，航空曾是一项充满危险的事业。但自从有了降落伞，就大大增强了飞行员的安全感，也挽救了不少飞行员的生命。

降落伞是在 18 世纪末发明的。1797 年 10 月 22 日，在巴黎现在的蒙索公园上空，人类首次从飞行器上跳伞。跳伞的人叫加内林，他使用的降落伞有肋状物支撑，收拢起来就像现在的阳伞。

这次跳伞是由氢气球带到高空，按照加内林的要求，一直上升到约 3000 英尺（约 914 米），然后加内林一拉系在气球上的释放绳，降落伞便离开了气球，伞盖就被强烈的气流张开，由于伞上没有孔，加内林的降落伞摆动得很厉害，使站在小篮子里的加内林在着陆时头晕目眩，恶心呕吐。这一次跳伞，开创了人类自天而降的历史，是一次伟大的壮举。

到 19 世纪，跳伞已成为航空表演中的一种不可缺少的节目。其具体方法是：用有人驾驶的气球升空，降落伞就系挂在气球上。全体表演者可以乘气球上升到冷空气允许的高度，于是跳伞的人便脱开吊架，使降落伞离开气球，安全地降落到地面。

随着航空事业的发展，人们已不再满足于乘气球跳伞。1912 年 3 月 1 日，贝里上尉首次使用固定开伞索在美国的圣路易斯从飞机上跳伞。

1912 年秋天，F. R. 劳第一次使用自由开伞索在美国从飞机上跳伞。他使用的是史蒂文斯的有"救生降落伞包"之称的降落伞。1919 年 4 月 19 日，欧文在美国首次使用他改进了的有开伞索的降落伞。这种具有开伞索的降落伞是现代降落伞的原型。

望远镜的发明

17 世纪初，荷兰制作玻璃和珠宝的技术都很发达。在一个名叫密特尔保的小镇上，有一个磨制镜片的手艺人，名叫利比斯赫。他有三个聪明的孩子。利比斯赫凭着自己的手艺，在镇上开了一家眼镜铺子。

在小镇上制作镜片的手艺人都有一个习惯，那就是为了检验磨好的镜片的质量，大家都会透过镜片去观察远处教堂上的风向标。这一天，阳光普照，利比斯赫带着为顾客磨制好的镜片去检验是否合格。他一一拿出镜片观察远方的风向标，看得都很清晰，质量不错。他一时兴起，拿出两块镜片，看看这只镜片里的景物，又看看那只镜片里的景物，觉得没什么特别。他又把两只镜片一前一后地重叠拿在手里，好奇地通过镜片看景物。这时，利比斯赫惊讶地大叫道："哇！这怎么可能？"原来他看到远处的教堂一下子就离自己近了许多，而且很清晰，连屋顶的砖瓦、每层楼上的窗户都看得清清楚楚，远处的一切都近在咫尺。利比斯赫感到很惊讶，他又看了看手里的镜片，原来放在前面的是老花镜，后面的是近视镜。利比斯赫脑子里不停地在思索着：老花镜在前面，近视镜在后面……他兴奋不已，想通过自己刚才的发现，制作一个能将远处事物看清楚的装置。

经过不断研究和琢磨，利比斯赫终于在 1608 年制造出这种装置，后来被称为荷兰式望远镜。这架望远镜也就是把一个凸透镜和一个凹透镜装在一个筒的两端，眼睛看的一端装凹透镜，用来观察远处景物那一端装凸透镜。同年 12 月，利比斯赫又做出了双筒望远镜。

望远镜发明之后，很快就被广泛地应用到了各个领域中，成为人们工作中的辅助工具。后来人们还根据望远镜的原理制造出了天文望远镜，用它观测遥的远外太空。

有了望远镜，人们可以看得更高、更远了，甚至还看到了外太空。我们对知识的追求，也要像望远镜里看东西那样，要追求得更高、更丰富。

潜艇的发明

　　人类历史上有文字记载的对潜艇进行研究的是意大利人伦纳德。他于公元1500年提出了"水下航行船体结构"的理论，给后人很大的启发。半个多世纪后的1578年，英国人威廉·伯恩出版了一本关于潜艇理论著作——《发明》。他在书中提出，要建造一艘能够潜入水中并能随意浮出水面的潜艇。

　　1620年，荷兰物理学家德雷尔成功制造出了一艘潜水船。整个船体像一个木柜，体内装有作为压缩水舱使用的羊皮囊。下潜时往羊皮囊中注水，上浮时则将羊皮囊中的水挤出。这艘潜水船装有从船内伸出的多根木桨，船内人员只要划动木桨，便会在水下运动，最多可载12名水手，能够潜入水中3~5米的深度。

　　德雷尔的潜水船可以说是现代潜艇的雏形。此后100年间世界上再没有任何有关潜水船发展情况的文字记载。直到1724年，俄国人叶菲姆·尼科诺夫制造出了一艘能在水下航行的潜艇。

尼科诺夫是一个木匠。1718 年的一天，他带着自己设计的潜艇图纸去见彼得一世，请求允许他建造一艘能够在水下航行的船只，并得到了支持。1724 年，尼科诺夫成功制造出了他自己设计的潜艇。这艘潜艇由橡木、松木板、皮革等材料制成，由于密封不严，试航时刚下水就沉了；尼科诺夫本人也差点送命。彼得一世并没有因此而怪罪，而是命他继续试验。经过一番努力，他终于制成了能在水下航行的潜艇。潜水技术的进步同时也就意味着潜水技术的军事运用。1776 年美国独立战争中，美国人布希尼尔发明了一艘乌龟形的潜艇，钻到了英国战舰"鹰"号的下面，并把一颗鱼雷钉在它的船底下，可是因为调整失灵而失败了。此次行动揭开了水下战斗的序幕，成为潜艇史上首次实战的战例。

1797 年，发明天才富尔顿把一个建造潜水艇的计划献给法国政府，这艘叫作"鹦鹉螺"号的潜艇 1801 年试航。"鹦鹉螺"号的壳板是铜的，框架是铁的，艇长 6.89 米，型如雪茄，艇体最大直径 3 米。水面航行时用风帆推进，当它在水下航行或无风时，则把风帆折叠起来，用人力转动螺旋桨推动潜艇航行。

为了便于观察，富尔顿还在潜水艇艇体中央建造了一个凸起的指挥塔。为了解决艇员的水下呼吸问题，艇上带有压缩空气，可供 4 个人和两支照明蜡烛在水下使用 3 个小时。"鹦鹉螺"号的航速为每小时 2 海里，能潜至水深 8 ~ 9 米处。

1864 年，美国南北战争时期，南军用一艘原始的潜艇击沉了北军一艘新造的巡洋舰。从此以后，潜艇的作用已开始为各国海军重视。

从军事的角度看，潜艇只不过是一种能在水下活动的军舰，但有 4 个因素能使潜艇的设计和作战使用比水面舰艇复杂得多：需要承受一定深度的海水压力；需要在三维空间上有控制地操纵；还必须具备在水面进行航行的能力；能在没有大气的条件下航行。

按照这些要求，1899 年，美国发明家霍兰设计并建造了世界上第

让爱迪生为你鼓掌

一艘真正实用的潜艇。它在水面游弋时，靠 45 马力的汽油引擎驱动，沉入水底时，靠蓄电池电马达提供动力，蓄电池则靠浮在水面时由汽油引擎充电。这艘取名"霍兰 9 号"的潜艇基本上具备了现代潜艇的各种特点。

火车第一次震撼大地

1814 年，斯蒂芬森的蒸汽机车火车头问世了。他发明的这个铁家伙有 5 吨重，车头上有一个巨大的飞轮。这个飞轮可以利用惯性帮助机车运动，斯蒂芬森为他的发明取了个名字叫"布鲁克"。这个布鲁克可以带动总重约 30 吨的 8 节车厢。在以后的 10 年中，他又造了 11 个与布鲁克相似的火车头。

斯蒂芬森的新发明也有很多缺点，首先是震动太大。有一次，甚至震翻了车；其次是速度不快。因此，斯蒂芬森经过改进，重新设计了一辆火车。在设计制造火车的同时，他说服了皮斯先生。当时，1821 年，皮斯先生正在筹划铺设从斯托克顿到达灵顿供马拉车用的铁轨，皮斯听了斯蒂芬森的建议，就委托他制造一台火车头。斯蒂芬森受委托后，加紧了工作的步骤，终于造出了一辆新的更先进的蒸汽机车。他将它命名为"旅行号"。

1825 年 9 月 27 日，在英国的斯托克顿附近挤满了 4 万余名观众，铜管乐队也整齐地站在铁轨边，人们翘首以待，望着那伸展而去的铁路。铁路两旁拥挤着前来观看的人群。忽然人们听到一声激昂的汽笛声，一台机车喷云吐雾地疾驶而来。机车后面拖着 12 节煤车，另外还有 20 节车厢，车厢里还乘着约 450 名旅客。斯蒂芬森亲自驾驶世界上第一列火车。火车驶近了，大地在微微颤动。观众惊呆了，简直不相信自己的眼睛，不相信眼前的这铁家伙竟有这么大的力气。火车缓缓地停稳，人群中爆发出一阵雷鸣般的欢呼声。铜管乐队奏出激昂的乐曲，7 门礼炮同时鸣响，人们在庆祝世界上诞生了火车。这列火车以每小时 24 千米的速度，从达灵顿驶到了斯托克顿，铁路运输事业从这天开始。

火车自动挂钩为什么称 "詹内挂钩"

如今我们看到一列长长的火车奔驰而过时，都知道各车厢之间是用自动挂钩连接起来的。但在 19 世纪中叶之前，这种挂钩还没有发明，那时联结各车厢的方法是用铁链子拴起来。这种办法很笨重，不仅费时费力，而且很不牢固，特别是一遇到列车爬坡，车厢容易脱节，往往导致翻车事故。

发明火车自动挂钩的是美国人哈姆尔特·詹内。詹内原来是个铁路工人。他看到工人们为了连接或分开一列火车的车厢，总要爬上爬下，用铁链子缠来绕去，工作非常艰苦，还容易发生挤伤手脚的事故，便决心发明一种新的连接方法，以减轻工人的劳动强度。

1867 年的一天，詹内从一个货运站回家，他边走边在思考着火车挂钩的问题。突然，一群孩子挡住了他的去路，原来这些孩子正在做游戏。只见他们先是互相追逐，很快又变成两人一对，面对面，脚顶脚，胳膊伸直，手指弯曲着勾连在一起，身子向后倾斜着转圈，并不时发出阵阵欢快的笑声。

詹内站在旁边看得着了迷，他从孩子们手拉手的方法中得到启示，他想：

"要是能发明一种装置，像两只手一样勾连起来，问题不就解决了吗？"

詹内忘了一天的疲劳，立即回到家，动手用木头制作手的模型，

使模型的手指弯曲着，能钩在一起。他想用这个办法解决车厢的连接问题。试验结果，因为木制的手不能活动而失败了。

詹内并不气馁，他经过多次试验改进，最后终于发明了火车的自动挂钩。这种挂钩是用铁铸造的，像两只手，安装在每节车厢的两端。"铁手"的掌心有个机关，两只"铁手"一碰，撞动了机关，就紧紧地握在一起了。要想分开，就启动另外的机关，两只"铁手"就又分开了。

火车自动挂钩的发明，使铁路工人从繁重的劳作中解放出来，为铁路运输提供了既安全又方便的条件。为了纪念这一发明，人们把火车自动挂钩称为"詹内挂钩"。

第三章　揭开秘密

看电影的启示

有道是"自古英雄出少年"，曲本刚就是我国一个著名的少年发明家。

他是天津市四十一中的学生。有一次，他和同学一起到电影院里看《魔术师的奇遇》。这部立体效果的 3D 电影激起了他的浓厚兴趣。看完后便激动不已，心想："真想不到世界上还有这么神奇的电影！"

回到家以后，他把立体电影的事向妈妈一五一十地叙述了一遍："妈妈，那部立体电影看了真过瘾！要是天天都有这样的电影就好了。可是在同一家电影院里，为什么有的电影是立体的，有的不是呢？"

"孩子，立体电影与一般的电影不一样，它在放映时的大银幕是非常特殊的；在看电影的时候，观众还必须戴上一副特制的眼镜。这样，才有立体电影的效果。"

"噢，原来如此！"他想，"我要是能发明一种眼镜，在观看普通电影时也能看到立体效果，该多好啊！"他把想法告诉了妈妈。

"别开玩笑了，大发明家们还没发明出来呢，你这个小孩子就这么大的能耐？"妈妈笑着抚摸着曲本刚的头，疼爱地说。

可是自尊心极强的曲本刚却一口咬定自己能实现这个想法。他决心用事实证明自己能成功。

于是，他就开始了对立体眼镜进行研究。他一次次地到电影院里看电影，把那副特殊的眼镜摘下来，戴上去，再摘下来，再戴上去，几次三番地重复这这个动作，希望这样对比能找出一些规律。但遗憾的是，连续数月一无所获。

一天，幸运之神终于来到了他的身边，在一个旧书摊上他发现了一本《眼屈光异常与配镜原理》的书，翻看了几页后就爱不释手，激动得眼泪都要掉下来。他想："真是'踏破铁鞋无觅处，得来全不费工夫'，我可以参考参考这本书，它对发明立体眼镜一定有用。"

于是，他买了这本书，兴致勃勃地跑回了家。他开始全神贯注地开始阅读这本来之不易的书，刻苦钻研了书中介绍的配镜原理，学会了用带有小孔的镜片观察物体，使它产生具有立体感的图像，并且具有色彩和层次。

"小孔镜片有立体感，可是要用多小的孔呢？我应该去试验一下再下定论。"曲本刚说干就干，先在镜片上钻了几个小孔。

于是曲本刚找来了一副普通的塑料眼镜，然后他把一根钢锥烧红，在眼镜片上扎了好几个小孔，往眼睛前一放，嘿，果然很有立体感。

"我再多扎些小孔，说不定效果会更好！"曲本刚激动极了，心想，"我的立体眼镜就快要制作成功啦！"

他连续不断地在 150 毫米长的眼镜片上扎了 350 个小孔，终于制造出来一副与普通眼镜不一样的立体眼镜。曲本刚带着自己发明的立体眼镜看电视，果然电视屏幕上形成了立体的影像，而且非常的逼真。

曲本刚对事物仔细观察、认真钻研，成功发明了立体眼镜，填补了我国眼镜制造业的一项空白。

倾斜的宝塔

鲁班手艺高超，素有木匠鼻祖之称，是我国最著名的工匠之一。他除了发明锯子、雨伞和拱桥之外，还在苏州成功地把一座斜塔扶正了。

事情是这样的：

一天鲁班应邀赶往苏州参观古代建筑，就在他兴致勃勃地游览的时候，一阵严厉的斥责声传来。鲁班跑到那里一看，发现不远处有一些倾斜的宝塔。在塔边上站着一个穿着讲究、大腹便便的富翁和一名穿着寒酸、瘦骨嶙峋的工匠。

只见这个富翁斥责工匠："要么你给我重新修建，要么你把宝塔给扶正了。否则，我饶不了你！我把你送到官府惩办去！"

"大人，要是推倒重建，我就是卖儿卖女也没钱把这宝塔重建起来呀！"那位汉子伤心地说，后来还给富翁跪下恳求他原谅。

但是富翁还是不依不饶，说："那你就给我把宝塔扶正！"

鲁班听友人介绍："那位富翁是当地有钱有势的权贵。原本，他家是为了积德行善，决定建造一座宝塔，使自己的名字和宝塔一样流芳百世。于是召集了一班能工巧匠来施工，工匠们日夜不停地建造，差不多花了3年的时间，才将这座宝塔建好。但令人遗憾的是，经过3年时间筑造成的宝塔看上去非常壮观，但是有一点倾斜。工匠们花费了许多木料精心修造的宝塔，竟成了不能直立的斜塔。这位富翁十分恼火，认为这斜塔会使他成为众人的笑柄，违背了积德行善的初衷，所以迫使工匠把倾斜塔修整扶直。"

鲁班听完这件事的前后因果，连忙帮这位工匠解围，但是富翁仍然咄咄逼人。在万般无奈之下，鲁班答应富翁，帮助工匠来修正这座斜塔。

接下这个任务后，他走到宝塔前，里里外外仔细地观察了一番，然后要求那名工匠找来点儿木料备用。

工匠弄来了一些木料，疑虑重重地交给了鲁班。鲁班分析了一下塔的结构，又仔细地检查了塔体，想到："这座宝塔从工艺上讲还是很好的，结构很牢固。如果拆开重新建，不仅会破坏塔的整体形象，还浪费了许多木料，花费的时间也太长，只能'智取'。可以尝试用木楔来扶正，把木料砍成一块块带斜面的小木楔，然后塞到倾斜的那一面。这能起到'四两拨千斤'的作用，而且从表面上又看不出来，不影响宝塔的美观，不是很好吗？"

鲁班一边想一边开始干起来，一个月以后，宝塔果然立直了。

等鲁班把这些事办好后，所有人都对他大加赞赏。从此用木楔来扶正建筑物的方法得到广泛的运用。

新型炸药的产生

舍恩贝恩是德国的一位化学教授，他不仅聪明能干，而且他的事业心非常强，经常把未做完的实验带回家去做。

在一个星期天的上午，他夫人有事外出，他便抓紧这个大好时光，继续在实验室里进行他未做完的实验。

舍恩贝恩深怕自己把家里搞得满屋乌烟瘴气，引起妻子的不满，准备在她回来之前把实验做完。

厨房里有水管、台板等现成的工具，比较方便。他把器具都搬到了厨房里，一切准备就绪，就开始做起了实验。

舍恩贝恩在忙乱中不小心把浓硫酸和浓硝酸的瓶子打碎了，瓶子里的液体淌满了桌子。他赶紧拿起一件挂在墙上的棉布围裙擦起来。当擦到离酒精灯不远的地方时，只听见"啪"的一声巨响，围裙发出一道闪光就不见了。

他非常困惑："围裙为什么会爆炸呢？是不是因为围裙中的成分可以和硝酸发生化学反应，生成一种易燃的物质？"

带着这个疑问，舍恩贝恩进行了许多实验，终于得出天然纤维素可以和硝酸起化学反应，生成一种易燃易爆的化合物——硝酸纤维素。它就是爆炸物硝化棉，也就是后来的炸药。

舍恩贝恩制造的这种炸药，是既能爆炸又能燃烧的新型炸药，后来被广泛地应用于生产和战争中。

从观察一盏吊灯的摇摆开始

面对时钟，不知你有没有注意观察到它里面的钟摆？

1582 年的一个早晨，秋高气爽，略微有些寒意。意大利著名物理学家兼天文学家伽利略，像往常那样早早起来，到比萨大教堂做礼拜。

高大宽敞的教堂里，一盏悬挂在教堂中央的铜吊灯，吸引了伽利略的目光。他看到那盏吊灯被门外的风吹得左右摇摆。这个现象引起了他的注意，他在默默地观察着。这时门外又吹来了一阵风，吊灯便大幅度地摇摆起来。

伽利略急忙按住自己的脉搏，心中默默地数着数："1、2、3……"一共是 20 下。吊灯摆动的幅度越来越小，他再次按住自己的脉搏检查时，发现每次摆动的时间仍然是脉搏跳动 20 下所需要的时间。经过反复证实，吊灯左右摇摆一次所需的时间是相等的。

他回到家里，躺在床上彻夜难眠，大幅度摇摆的吊灯在他的脑海中挥之不去。于是他从床上跳下来，取来一根绳子，然后吊上一个重物让它自由地摆动。实验重复了许多次，最后他发现，物体摆动一次所需要的时间与物体的重量无关，而与绳子的长度有关。

他对这个现象思索了许久，然后又回忆起吊灯："吊灯摆动的幅度虽然不同，可是它所需要的时间好像是差不多的。如果说，吊灯摆动的时间是均匀的，那么可以利用这个原理，把等时性应用在计时工具上来计算时间。"他把这种摇摆规律命名为"摆的等时性"。

伽利略受到了启发，利用这个规律发明了"脉搏器"，后来又创造出了钟表，发明了天文钟。在教堂里挂了不知多久的铜吊灯，有成千上万的人都看到过它摇摆，但是又有谁发现了"摆的等时性"呢？

数十年后，1656 年，荷兰科学家海更斯根据伽利略的"摆的等时性"，发明了各种走时准确的机械摆钟。

灵巧的双尖绣花针

绣花针是人们生活中的必备品。从古至今，绣花针都是一头针尖、一头针鼻儿。但是有一个小学生却颠覆了这个传统，制造出来有两个针尖的双尖绣花针。

这个小学生名叫王帆。他从小学一年级开始就爱开动脑筋，做点小发明。

有一天，王帆到姑姑家串门。姑姑正在那里刺绣，王帆就在旁边认真地观察姑姑刺绣的动作。只见姑姑一只手在绷（péng）面上，一只手在绷面下，双手交替倒腾线，一刻也闲不下来。

"姑姑你绣的荷花真好看！"王帆不禁赞叹道，"可是怎么这么辛苦啊！"

"是啊，在绷面上绣花是一件不容易的事。每绣一针，都要先扎下去，把线拉直，然后翻腕，随即掉转针头再扎上来，把线拉直，再翻腕，再扎下去，就这样不停地重复！"姑姑抬起了头，揉了揉眼睛，对王帆说，"时间一长，眼睛都看花了，手腕累得发麻，又酸又疼"。

"我能不能发明出一种专门的刺绣针，不用翻腕的那种？有了它，姑姑以后刺绣就不会这么费神了。"王帆一边想着，一边自言自语。

"小帆真是个懂事的好孩子！如果你能设计出来，姑姑就带你到公园去玩，奖励你。"姑姑笑着说。

"一言为定！"王帆高兴地说。

回家以后，王帆一直把"不用翻腕的针"这件事儿放在心上，一直想着怎样才能制造出一根不用翻腕的绣花针。

有一次王帆做好了功课，像平常那样在家看电视。电视上在演渔民们织渔网，他们使用的是两头带尖的梭子，将网线穿在梭子中间，织起网来又快又好，根本不用翻腕。他灵机一动，心想："既然梭子可以把网线穿在中间，为什么绣花针不能呢？针眼儿可以设在中间，绣起花来就像渔民们织网那样快，不用翻转手腕。"于是说干就干，王帆找出了一根大头针，然后又翻出了小电钻，动手制作起来。为了在大头针中间钻一个针眼儿，他努力了几十次都失败了，有点懊恼和着急。

父亲在一边看着，知道儿子在十分执著地做着一件他感兴趣的事情。于是他激励王帆沉住气，离成功不远了。在爸爸的鼓励下，他捏紧钻孔机的手柄，对准大头针的中央部位扎下去，终于在针上扎出了一个针眼儿。

就这样，第一根双尖绣花针诞生了。他激动地拿着自己的发明去找姑姑，让她和邻居们试用。听了她们的反馈意见后，他欣慰极了，因为得到了一致的好评。就这样祖祖辈辈传下来的绣花针改朝换代了。

他的双尖绣花针在第四届全国青少年科学发明创造比赛中，荣获武汉市义烈巷小学发明创造一等奖。

现代染料苯胺紫

你知道衣服上的颜色是用什么染成的吗？

以前，染料是工人们采集植物的染料给衣服上色的，到后来才使用了化学染料。那么我们现在就来讲述一个和染料有关的故事。

在很久以前，疟疾在农村蔓延开来，特效药奎宁是一种非常稀有的物质，价格昂贵。许多病人因为买不起奎宁而发愁。

当时，英国有一个叫威廉·亨利·帕金的男孩，他是英国皇家化学院的一名学生，学习勤奋，而且喜欢做一些小实验。

1856年，威廉·亨利·帕金为了研制出人工合成的奎宁就把自家的小院子当成了实验室，开始了科学实验。

奎宁是一种纯白色的物质，可是威廉·亨利·帕金的实验虽然做了很多个，却没有一个得出的产物是白色的。"为什么无色透明的苯，在我的实验中却变成了黑色的沉淀物了呢？"他想弄个明白。

这次他把这种黑色的沉淀物溶解在酒精中，奇妙的事情发生了，在这个溶液里呈现出了一种鲜艳的紫色。他看到后万分激动，心想："我可以试试看，用它来染衣服，说不定可以代替植物颜料。这样，可以降低工人的工作量，多好的一件事啊！"

于是威廉·亨利·帕金找来一块布，把它浸泡在这个溶液里，过了一会儿，布料上居然染上了这种非常好看的紫色。

威廉·亨利·帕金非常得意，然后他又想："这种染料能保持多

让爱迪生为你鼓掌

久呀?"他试着用肥皂清洗这块布料,然后晾在烈日下曝晒了好几天。一个月过去了,布料不仅没有褪色,而且还和以前一样鲜艳漂亮。

后来,威廉·亨利·帕金想:"这么优秀的染色剂,怎么能把它推广开呢?"

威廉·亨利·帕金亲自拜访英国最著名的染料公司——皮拉兹公司,向他们诚恳推荐这种颜料,最终这家公司接受了他的发明。他立即申请了这种新型染料的专利,当年他只有 18 岁。他把它命名为"苯胺紫"。"苯胺紫"就是世界上第一种人工合成的染料。

水元素的组成

在很久很久以前,一个普通的下午,天气晴朗,阳光灿烂。在英国一家小剧院里,笑语不断,非常热闹,剧场内还不时爆发出一阵阵雷鸣般的掌声。

一场魔术表演正在这里进行。舞台上,穿着燕尾服的魔术师,正在给大家表演一个名叫"铁盒淌汗"的魔术。观众们看到他把氢气通入一个擦干的铁盒里,然后点燃,就看见铁盒里冒出一股白烟来,接着是"啪"的一声巨响。魔术师立即拿起铁盒,向观众展示:"大家看哪,铁盒出汗啦!"

观众们看到,刚才干燥的铁盒出现了许许多多的小水滴,就像人出了汗一样,不禁为魔术师的技艺鼓掌。

这精彩的表演被英国著名化学家卡文迪许看到了。他出身于贵族官僚家庭里,但是为了实现理想和抱负,毅然放弃了安逸奢华的生活,投身于科学研究工作中去。看完后,他对这个表演产生了极大的兴趣,立即回到实验室,做起了与这个魔术相仿的实验。

他在实验室里,小心翼翼地把氢气和氧气混合在一起,然后点燃，发现每次爆炸后，容器壁上都挂满了小水滴。

他非常纳闷："这些水是从哪里来的？难道是容器没有擦干造成的？"于是卡文迪许把容器擦得干干净净的，然后又重复了一遍刚才这个实验，得到的结果是一样的。

卡文迪许继续进行了许多实验，最后还是会产生氢氧化合物。也就是说氢气和氧气在火中燃烧，二者结合产生水。人类由此开始，不断地揭开了物质化合的神秘面纱。

美丽的七色彩带

红外线是一种温度较高的光线，可以用来取暖、加热食物。它廉价、安全、高效，因此被广泛得应用于不同的领域。人们根据这些特性又制造出了许许多多的家用电器。

那么最初红外线是怎么被发现，又是怎么测试出它的温度的特点呢？现在，我们就来讲述一个和红外线有关的事实。

1800年的一天，春光明媚，阳光灿烂，年逾花甲的英国天文学家赫歇尔，正在仔细地观察三棱镜折射出来的七色彩带。

忽然一个灵感出现在他的脑海里："阳光带有热量，组成太阳光的7种单色光肯定也含有热量，哪一种携带的热量最多呢？"他继续想："测得了每种单光的温度不就知道了吗？"

于是赫歇尔在实验室的墙壁上贴了一张白纸，让七色光带照在纸面上。在光带红、橙、黄、绿、青、蓝、紫以及红光区以外和紫光区以外的位置上各放置了一支温度表，他观察到，绿光区的温度上升了3℃，紫光区的温度上升了2℃，紫光区以外的位置上温度计几乎没有变化……然而令他吃惊的是，红光区外的温度计的读数竟上升了7℃。

接着赫歇尔又对这7种光线进行了深入的研究，然后他得出结论："在红光区外一定还有某种人眼看不见的光线，并且这种光线携带的热量最多。"

之后，经过科学界人士无数次的实验，证明了赫歇尔的观点是正确的。在红光区外的确有着某种肉眼看不见的光线，并且这种光线携带的热量的确是最多的。

然后科学家们把赫歇尔发现的这种看不见的光线命名为红外线，而赫歇尔也和他发现的红外线一样，永世流芳。

长牙齿的邮票

邮票的四边有一个个"小牙齿"。你知道这是怎么来的吗？现在，就让我来告诉你。

1840 年，英国发行了世界上第一枚邮票。那时候的邮票一枚枚的整齐并排、中间毫无缝隙地印在一张大纸上，用的时候用剪刀剪下来。

1848 年的冬天，一位名叫亚瑟·亨利的新闻记者在饭店里喝酒。他喝完酒后拿出写好的新闻资料来翻阅，整理好后便把稿件放进了信封里准备把资料寄出去，但是发现邮票还没有撕下来。他没带剪刀，向别人借别人也没带。

他抓了抓头皮，想到了西装上别着一枚曲别针，便灵机一动。"这有什么的啊，我用曲别针在邮票四周扎上小洞，就可以撕了下来。"亚瑟·亨利边想边做了起来，结果很有效，他成功地把邮票撕下来了。

根据亚瑟·亨利的做法，一位商人设计出了邮票打孔机。在打孔机打过的地方，沿边出现一串小洞，撕下后出现了"小牙齿"。

经过反复的改良和创新后，这位商人发明的邮票打孔机被英国政府收纳并投入了使用。同年，英国发行了世界上第一枚有"小牙齿"的邮票。

直到现在，我们还在使用着这种的带有"小牙齿"的邮票。

火箭之父

齐奥尔科夫斯基是俄罗斯一位的著名科学家。他推算出了火箭发射必须遵循的基本公式，奠定了火箭成功升空的基础，被人们一致公认为"火箭之父"。

齐奥尔科夫斯基出生于俄罗斯的一个小村庄，自幼喜欢读书和观察周围的事物。

在一次学习中，他偶然读到了一本名叫《月亮上的旅行》的书。看完后，他像着了魔一样天天梦想着自己可以到月球上去玩，在那里

自由自在地生活。在那之后，他开始搜集许多有关飞行器的书籍，潜心研究。直到1883年的一个星期六，他有了重大发现。

那天他按照惯例去一家酒吧喝酒，和朋友们聊天，一边惬意地喝啤酒，一边观察酒店里工人们辛勤地工作，他们从地窖里费力地往外搬运一桶又一桶装满啤酒的大桶。

突然一个啤酒桶的木塞被冲飞了，气压竟然将桶子推到了半空中。

齐奥尔科夫斯基被这个现象惊呆了："天啊，啤酒桶里的气体居然有这么大的推动力！那么我可以推断出这样一个事情：有一个贮有压缩气体的大桶，当桶的底端被打开后，强烈的压缩气体就会喷涌出来，它所产生的巨大推动力可以不断地推动自身向前运动，直到气体耗尽。"

"我为什么不把它用在太空飞行中去呢？这么重要的原理，太难得了。"

根据这个发现，他试着绘制出了一张火箭设计图。过去了许多年，他不断改进着整张设计图，不断地研究，全身心地投入到火箭的设计和计算中去。最终，他的计算成果对人类到外太空探索做出了卓越的贡献，被人们尊称为"火箭之父"。

牛顿的故事

牛顿是一位非常伟大的科学家。他在概括和总结前人研究成果的基础上，通过自己的观察和实验，提出了"运动三定律"。少年时代的牛顿不像其他名人一样，从小就显露出令人瞩目的科学天分，而是跟大多数人一样，轻松愉快地度过了中学时代。

15岁那年，一场罕见的暴风雨袭击了英格兰。狂风怒吼中，牛顿家的房子直晃悠，就像要倒了似的。牛顿被大自然的威力给迷住了，他想："这正是测验飓风力量的最佳时机。"他冒着狂风暴雨在后院子里，一会儿逆风跑，一会儿顺风跳，来测算飓风的力量。为了接受更多的风力，他索性敞开斗篷向上跳跃，认准起落点，仔细量距离。

1661 年牛顿考上了剑桥大学。

他经常到他父亲的庄园里读书和散步。有一天，一颗大大的苹果突然从他经常散步的地方落下来，引起了他的关注："苹果为什么会落地呢？它怎么不朝天上飞去呢？肯定是有什么力量在牵引着它。"于是，在苹果落地的启发下，他发现了万有引力，并把力学确立为完整、严密、系统的学科。

旱冰鞋的由来

旱冰鞋是一种改良过的溜冰鞋，它为许多溜冰爱好者带来了无穷的乐趣。

"为什么老想着溜冰场呢？到处溜达溜达不也挺快乐的吗？"在冬天的一个早晨，一位朋友在与杰克闲聊时抱怨道。

杰克是美国一个普通的小公务员。他每天都扎在文书抄写的工作中，生活枯燥无味。对于他来说，只有节假日到溜冰场去溜冰，才能使他开心。

可是就算去最普通的溜冰场，门票价格也不菲。杰克频频光顾溜冰场，挣得的工资还不够溜冰用的呢。所以这个爱好使他感到经济拮据。

冬天是个好季节，到处都有积雪，对于杰克来说，可以免费享受溜冰。可是在春、夏、秋 3 个季节，没有冰的时候就只能去溜冰场了。

让爱迪生为你鼓掌

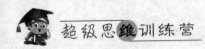

　　杰克思索了半天，他决定想出一个既能四季溜冰又不花费很多费用的方案。

　　这时候，朋友的一个"溜"字使杰克眼前一亮，他灵机一动："溜冰溜冰，不就是一个'溜'字嘛！想一个办法在马路上溜来溜去，就行了。"接着他又想："要是在鞋子上安装滚轮，在地面上就能溜冰了。"

　　杰克购买了一双鞋和一些塑料轮子，然后把它们组装起来，接着再进行一些改良，就这样世界上第一双旱冰鞋发明出来了。

　　为了测试这双旱冰鞋的性能，杰克把鞋子穿上在水泥路上试滑，非常平稳，居然和在溜冰场里的感觉相差无几。然后他立即向专利局申请了专利。

　　很快，杰克发明的旱冰鞋风靡全世界，成为众多溜冰爱好者的装备。

电磁感应之父

1831 年，迈克尔·法拉第发现了"电磁感应"。并且利用这一原理制造出了世界上第一台"发电机"。为了纪念法拉第做出的杰出贡献，1831 年，英国皇家学院授予了法拉第教授头衔。能够得到这么崇高的头衔，对于法拉第来说，是多么不容易啊！

法拉第出生在一个贫穷的铁匠家庭，在他 13 岁那年，父亲送他到书铺里当学徒。从此他过着四处奔波、风餐露宿的生活，用辛勤的劳动换取微薄收入。这份工作对于他来说最有乐趣的是，可以偷偷阅读书铺里那些永远也读不完的书。

"一根玻璃棒，在一块毛皮上摩擦几下就能产生静电，可以吸起一片纸屑，真是太奇妙了。"有一次，法拉第从《大英百科全书》里看到了玛西特夫人讲述的实验。法拉第感到特别惊奇，于是他就依葫芦画瓢地按照书中的内容演示起来。从此，他热衷于所有书里提到的物理与化学的实验，总是想探索个究竟。

有时，他跑到药房里去拣一些废弃的小瓶子或用自己攒下的微薄收入买来一点便宜的药品，然后躲在自己的小阁楼里搞实验。他想："我一定要把这种现象的原因解释出来，否则，我就浪费了一个最好的机会。"

一个偶然的机遇，法拉第认识了化学家戴维。戴维在当时是个发现了多种新元素的伟大化学家。他十分看好法拉第，对他格外爱惜。甚至把他带到了英国皇家学院，给他安排了一份实验室助手的工作。戴维创造了十分宽裕的条件——皇家学院的实验室，使得法拉第可以专心致志地开展研究工作，尽心发挥他在物理和化学方面的潜能。他在那里进行了磁和电的研究实验。

让爱迪生为你鼓掌

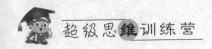

当时，科学家们已经证实了电可以转变成磁，磁能不能转化成电还是个未知。这一点对当时的科学界来讲至关重要，它是人类能否驾驭电、使用电的转折点。法拉第决心把问题弄明白。

在此之前，他已经完成了电磁学上的一个重要实验。就是在玻璃缸中央位置上立一根磁棒，倒上水银以后，让磁极的一端露出来，再用一根长长的铜丝缠绕住一根软木，放到水银缸里面。将导线一端接在磁棒上，另一端与软木一头的铜丝连接，另一头的铜丝与磁棒的另一极连起来。这样，电源接通后，导线马上开始移动了……这个实验在电磁学上是一个很大的突破。

在那之后，法拉第满脑子都是"磁是否能转变成电"这个问题。他的口袋里总是放着一个电磁线圈的模型，一有空就拿出来看看，仔细地研究研究。有时候自言自语，有时候索性一头扎进实验室里不肯出来。

1831 年 10 月 17 日，法拉第的实验终于成功了。他把磁棒在线圈中运动所产生出来的电流叫作"磁电"，这种感应叫"电磁感应"。

1833 年，英国皇家学院授予迈克尔·法拉第教授的头衔。就这样法拉第从一个没有受过正规教育的书铺学徒到堂堂学府的著名教授的历程，成为科学史上一段佳话。

发现"电磁感应"后，法拉第加快了他的研究步伐，利用"电磁感应"原理制造出了世界上第一台发电机。有了发电机和变压器，人类就能大量生产电了。从此电从实验室走向了百姓家，成为了学习、工作和生活中重要的能源之一。

刺绣带来的启发

有一个小孩名叫阿明。阿明非常会画画，经常受到老师的表扬。

有一次，美术老师布置了一个作业，要求同学们都来画一幅农家小院的图。阿明坐在自家的院子里，拿出纸和笔开始画眼前的景象。"画得真好！"站在一边的爷爷抑制不住地赞许道。

阿明被爷爷的夸赞声吓了一跳，还没有来得及收画笔，就把一小块颜料滴在上面了。

"爷爷，都是你不好，把我的画弄脏了！你赔你赔。"阿明委屈地说。爷爷看着可爱的小孙子，抱歉地说："爷爷刚才看你画看了很久，等你画完才说话的。不信，爷爷赔给你一根冰棍怎么样？"

过了一会，阿明啃着冰棍问爷爷："那我们现在怎么办呀？"

爷爷说："当你面对无法改变的事物而无能为力的时候，就要从改变自己的想法做起。"

这时，阿明顺手拿出妈妈给的绣着自己名字的手帕来擦鼻子。突然他灵机一动："妈妈曾经说过，她小的时候如果衣服穿破了，就直接在破的洞口处，绣一朵小花，不仅能遮掩洞口，还非常漂亮。"

阿明低头看了看自己的那幅画，发现这个小点正好在院子门口。挠了挠头皮，突然有了一个想法："为什么不画一只小狗呢？小狗在院子门口看家，这是很常见的事。这个小圆点就是小狗身上的斑点，画上一只斑点狗在门口看家，不就可以更有生气吗？"

上学后，老师给阿明的画打了很高的分数，还表扬他观察仔细，作品活泼生动。

人工制造的宝石

早在 19 世纪，金刚石作为一种名贵的装饰物在欧洲市场上非常紧俏。贵妇们大都喜欢把昂贵的金刚石镶嵌在各类首饰中，佩戴在身上，富丽堂皇，又光彩照人。

让爱迪生为你鼓掌

可是天然的金刚石产量非常少，根本无法满足人们的需求。

当时的莫瓦桑是早先在药店做过学徒的法国化学家。他看到市场上对金刚石需求量非常庞大的现状后，心想："能不能用人造金刚石来满足需求呢？那样就解决了供求关系紧张的问题。人类用手把石头变成'金子'——这将是一项非常有意义的发明，而且会有非常广阔的前景。"于是这位充满幻想和抱负的有为青年在化学界科研人士的嘲笑中，开始了艰难的造石计划。

人们在陨石里面发现了石墨和碳这两种元素，这和天然金刚石里面的成分是相同的。这就说明，金刚石是由石墨和碳在特殊的外界条件下转化而成的。

莫瓦桑在研究中发现，要使石墨和碳转化成金刚石，就必须施加强大的压力。他用尽了各种方法对石墨和碳进行加压，比如挤压和撞击等等，希望它们能够在高温高压下变成金刚石，但是并没有成效。渐渐地，一次次的失败让他头痛不已，可是他又不甘心，这就使他越挫越勇，坚信自己会成功。每一次实验无论是成功还是失败，都成了他的宝贵经验，让他坚定了继续探索下去的意志和决心。

后来经过数不清的反复实验，他终于想到了用"热胀冷缩"的原理来给石墨和碳加压。他设计了一种特殊的装置，在熔化的铁液中掺入了少量的碳，使之和铁液混合在一起产生化学反应，然后把烧红的铁液倒入冷水中，即刻产生了强烈的嘶鸣声，一团团水蒸气迅速升起。瞬时一股强大的压力产生，铁液变成了固体，上面附着一颗颗很小的亮晶晶的结晶体。这一招果然奏效了。这就是第一批人造金刚石。

经权威机构测试：这种新物质，比天然金刚石略黑，不那么熠熠生光，但是硬度比一般的物质强多了，用来打磨其他物体真是绰绰有余。

后来法国科学院经过不断测试和论证，慎重地向全世界公布了人造金刚石的诞生：贵重的金刚石，完全可以用碳作为原料，使用特殊的方法制造出来。

随后，人造金刚石便被人类不断地用于各种必需品的生产和加工制作中，成为生活和工作中不可或缺的物质。

两个铁球得出的结论

早在古希腊，亚里士多德就认为："物体降落的速度和物体的重量成正比。"1800 年来，人们一直把这个学说当作真理一样对待。

但是有一位叫伽利略的青年却大胆地对亚里士多德的学进行了反驳。他的观点是："如果两个不同重量的物体同时从空中下落，将会是同时坠地。"

这个观点在当时引起了轩然大波，遭到了各方人士的唾弃和猛烈攻击。有人说："千百年来，先贤们都没有否定过的事实，他要来否定，莫非他比我们的先贤更优秀？真是太自不量力了！"更有人恶劣地讽刺："伽利略是个疯子、科学界的败类、社会的残渣……"

各种各样的人身攻击一起向伽利略袭来，但是他却守护着自己的理论，他要用事实证明自己的理论是正确的，让全世界都接受这个观点。为了达到目的，他反复思考着证明的方法。

有一天，伽利略来到城墙下散步，两个大小不一的土疙瘩从眼前落下，同时坠地。这件小事给了伽利略很大启发，他惊喜万分："对，要在比萨斜塔上做这个实验，给那些不相信真理的人一个漂亮的反击。"伽利略越想越开心，边走边"嘿嘿"地笑了起来。

在一个阳光明媚的早晨，那些权威人士和教授穿着紫色的长袍，整齐地排列着队伍来到塔前，个个摆出了一副盛气凌人的样子。前来观看的人非常多，大家都议论纷纷，有不少人是来热闹的。

让爱迪生为你鼓掌

太阳渐渐地升高了，只见伽利略迎着朝阳一步一步地登上了比萨斜塔。当他看见塔下熙熙攘攘的人群时，大声呼喊："请看清楚，铁球就要下落了。"说完，两个重量分别为 100 磅和 1 磅的铁球从 50 多米高的塔上往下落。

塔下有很多人为伽利略捏了一把汗，他们目不转睛地盯着铁球，只听"咚"的一声，两个铁球同时落地了。

这时塔下的人群一阵骚动；那些权威人士和教授们的威风一扫而光，个个都目瞪口呆。有些人则为伽利略感到自豪和高兴，不由得呐喊欢呼。

这个实验揭开了自由落体的秘密，推翻了亚里士多德的学说，并且在物理学的历史上具有划时代意义。

跳动的阳光带来的发明

在晴天，充足的阳光照在身上，暖暖的，非常舒服，它不仅能杀菌，还可以补充钙质。

太阳光对于人类的益处真是多得数不清，镜式电流电报机就是根据跳动的阳光的原理发明的。

在很久以前，英国人在铺设大西洋海底电缆时，遇到了一个难题，电缆的信号太弱，现有的电报机接收不到。经过再三商议，决定这个问题由英国学者威廉·汤姆生来解决。

汤姆生接受了这项任务，深感责任重大。他想："只有放大信号，才能解决这个问题。"他整天埋头于电缆终端电信号的资料中，废寝忘食地做着各种推理和实验。

一天早晨，阳光普照大地，春意盎然。两个关心汤姆生的好兄弟不愿意看他整日一筹莫展、苦苦思索的样子，便邀他一起去看海，放松一下心情。

他们来到了海边，瞭望着一望无际的大海。汤姆生的思绪也像这大海一样，此起彼伏。之后他们登上游艇，去远一点的地方游览。玩了一会之后人们突然发现，汤姆生不见了！大家十分着急，分头去找。不一会有人发现他在船舱里面，正专心致志地画设计图。

"他还是在继续思考他的海底电缆。"船上的伙伴们被汤姆生这种敬业的精神深深地打动了。"怎样才能让他更好地休息一下呢？"大家你一句我一句地讨论着，但是终究没有想到办法。

正在他们拿不定主意的时候，一个调皮鬼从行囊里取出了一面小镜子，对着太阳不停的移动，最后使阳光反射到汤姆生的脸上。只见光点在他的脸上不停地跳动，照得他无法睁开眼，不停地躲闪。

让爱迪生为你鼓掌

当又一次阳光照射到汤姆生的眼睛上时，他好像吃了兴奋剂一样，突然大声喊道："我要成功了！我要成功啦！我找到新的解决方案了，我找到啦！"汤姆生紧紧抱住那个调皮鬼旋转了几圈，然后拿过镜子，高高地举过头顶以示胜利。

他反光中得到了启示："对着阳光的镜子，只要稍微挪动一点，哪怕是很小的角度，远处的光点也会大幅度地跳越，这就是放大呀！"

此时，汤姆生的思维像着了魔似一样飞回了实验室。朋友们立即用游艇把他送了回去。

汤姆生根据这个反射光的放大原理，发明了一种"镜式电流电报机"。这种新型电报机灵敏度极高，解决了海底电缆信号接受薄弱的难题。

等到海底电缆修复完后，人们都沉浸在成功的喜悦之中，更加感谢项目功臣——汤姆生。他的发明被载入史册，成为人类通信史上一座新的里程碑。

大陆漂移学说

在远古时期世界上的七大洲是联结在一起的，经过许多年的漂移慢慢地才分成 7 块，成为现在的亚洲、欧洲、非洲、北美洲、南美洲、大洋洲和南极洲这七大块。这就是"大陆漂移学说"。它是由 20 世纪德国气象学家魏格纳发现的。

1910 年，魏格纳因为蛀牙问题去牙科医生那里就诊。在排队的时间里他注意到了一张世界地图。"大西洋两岸的轮廓，竟然这么相互应衬，太神奇了！"魏格纳一边看一边想，"也许在远古时期，地球上的陆地就是一整块的，后来随着地壳运动分裂开了，逐步形成了今天的格局。"魏格纳想着想着，兴奋地跳了起来，径直往家里跑去。他决定一探究竟，把事情弄个清楚。

魏格纳对地球上的每一块陆地，进行了深入而仔细的研究。他在研究后得出了这样一个结论：如果没有海洋的话，地球上所有的陆地都可以拼在一起！

魏格纳把自己的想法公之于世，却得到了所有人的嘲笑。他们讽刺："魏格纳是井底之蛙，居然会产生这种幼稚可笑的想法！"

魏格纳为了证实这个非常大胆的设想，开始全面收集资料。两年以后，他提出了"大陆漂移假说"，并推出了一本叫《海的起源》的书，以证明他的设想是有依据的。

"大陆漂移假说"在当时是一门新兴的学说，它大大动摇了传统地质学的理论基础。许多权威人士都站出来继续表示否定和嘲讽。魏格纳毫不犹豫地进行着反击，还曾先后4次横跨格陵兰岛进行探险，以求找到更多的数据和资料来证实自己的观点。

不幸的是，1930年魏格纳在一次探险中遇难。他逝世后，人们逐渐对科学有了新的认识；并接受了魏格纳的"大陆漂移假说"，将其升华成了地质学中的板块构造学说。

就这样，地球的"真面目"暴露在了人们的面前。可以说，魏格纳的"大陆漂移假说"是为人类地质学发展迈出了非常重要的一步。

受欢迎的人造丝

生产人造丝是许多科学家的梦想。早在很早以前，人类就渴望能像蜘蛛那样吐丝，用于纺织。

早在18世纪30年代，法国科学家卜翁就对蜘蛛吐丝作过专门的研究，并把上万只蜘蛛的丝液抽成丝，织成了一副手套。但是令人遗憾的是，这种蜘蛛丝很容易折断，稍微加一点热就会融化，而且需要那么多的蜘蛛才能织出一幅手套。这样的投入实在是毫无利益可图。

1884年的一个偶然机会，柴唐纳加入了人造丝的研究。柴唐纳是法国科学家，工作之余喜爱摆弄照相机。

一天晚上，柴唐纳习惯性地走进自己的暗室里冲洗照片。不经意间，他发现底片竟然溶解在酒精和乙醚的混合溶液中，形成了一种黏稠液体。

"咦，这是怎么回事？它能不能做成人造丝的材料呢？"柴唐纳心中又忐忑又欣喜。他轻轻地搅拌，仔细观察着这种混合液的反应。他想："科学界至今还没有发明人造丝。底片是用不完全的硝化纤维制成的，而硝化纤维里含有桑叶、棉花等物质含有的成分，说不定，这些物质能够造出人造丝。"想到这儿，柴唐纳涌起一股创造激情。他决定顺着想法付诸实施。

于是他像卜翁那样，使用针管把这些液体吸进去，然后轻轻地往外挤，"哧哧"针头里果然喷出了一根长长的细丝。他用手轻轻地一拉，嘿，真结实！柴唐纳手里握着这根长长的细丝，深有感触地说："我终于制造出世界上第一根人造丝啦，这是多么难得的一刻！"

但是当时的人造丝非常原始，硝化纤维是一种制造炸药的材料，用它来制造人造丝相当危险。柴唐纳把自己关在实验室里，一刻不停地对这个课题进行研究，进行多次试验，终于制成了一种十分安全的硝化纤维。

1889年，伦敦国际博览会上展出了柴唐纳的人造丝，受到了人们的广泛关注。两年以后，柴唐纳筹集资金创办了世界上第一个生产人造丝的工厂。

于是，人们穿的衣服中又多了一种人造丝做成的布料，既美观又保暖，深受广大消费者的喜爱。

西服的设计

西服大方得体，做工精细，笔挺潇洒，是众多场合中的首选。人们穿上它之后变得精神百倍、尊贵高雅。因此，西服得到了全世界人们的青睐。

那么你们知道西服是谁发明的，又是谁改良形成现在我们看到的款式吗？现在，我们就来说说，西服的由来和改良的趣事。

第一个发明西服的人是贵族青年菲利普。菲利普有一个嗜好，就是钓鱼。

有一次，他踏上捕鱼船跟随渔民到大海里钓鱼。他将鱼钩抛到大

海中，耐心地等待着。不一会儿，有一条大鱼上钩了。菲利普一边竖起钓竿迅速收线，一边目不转睛地盯着水面，一条活蹦乱跳的大鱼露了出来。他用力一拉，"啪"的一声鱼到了船舱。由于用力过猛，上身的衣服坏了，掉了两颗纽扣。菲利普不高兴了，虽然钓到了鱼但是衣服坏了。他看到身边的渔民钓了许许多多的鱼，可是没有一个人的衣服因此坏了。他们穿的是敞领少扣的制服，非常轻便，在捕鱼的时候伸展得开，不会掉落一粒纽扣。"这种紧领多扣的衣服好像不太适合钓鱼，"菲利普想，"既然渔民们的制服轻便又活动得开，我为什么不照着他们的式样多做两件，自己穿呢？"

于是他立即回家，吩咐裁缝们按照渔民制服的样式设计出一款新型服装。由于它轻便又便于活动，很快流行开来。这就是西服的雏形。

第一个给西服后面开衩的是约翰。

约翰是英国伦敦一名贵族的车夫。那个时代，盛行西服。贵族们常常为了炫耀自己的身份，让马车夫也跟着穿西服。

可是令人懊恼的是：这种西服穿在马夫身上非常不利落。因为衣服前襟短后襟长，车夫们赶完马车都会把后襟坐得皱巴巴的，然后回到家都要把西服熨烫一番，非常麻烦。

于是约翰想："能不能设计出一款不用频繁熨烫的衣服呢？我在赶马车的时候就坐不着后襟了。"经过反复观察，他决定把西服的后襟剪开，开一条小衩。试穿后觉得还不错，非常方便。就这样，后襟剪开式的西服诞生了。

约翰的主人看到约翰穿着一套行动方便的西服，看上去很精神，就觉得这很时髦。又想到自己需要经常骑自行车，也应该备上一套，上下方便又不会坐皱，于是就找裁缝为自己做了一套和约翰一模一样的衣服。后来别的贵族看到这款新式西服都非常喜欢，竞相模仿。渐渐地这种后面开衩的西服流行起来了，燕尾服就是由此得来的。

普鲁士国王腓特烈二世是一位颇负盛名的皇帝，也是第一个给西服袖口上加扣子的设计者。早在 200 多年前，他对战争异常热衷，野心勃勃，一心想发动战争征服世界，自称为军事"天才"。

有一次这位皇帝按照惯例检阅士兵，在检阅时发现将士们的袖口上都是脏兮兮的，而且磨损得油光锃亮，十分生气地呵斥道："这是怎么回事？你们还懂不懂卫生？这是什么军容？"

一名军官见状，赶忙跑到国王面前说："报告陛下，士兵们在前线打仗非常艰苦，也来不及擦汗。即使是在平时的训练中，也没有时间掏出手帕擦汗，所以只好用袖口来擦一擦了，请陛下原谅。"

"嗯。"国王点了点头，然后回到了宫中。他想："我虽然理解他们非常辛苦，但是这个习惯很不好，多影响军容啊！有什么办法可以强制改进呢？如果在袖口上缝几个金属扣，士兵们擦汗时就会很别扭，因为很不舒服，稍不注意还会划破脸，渐渐地就可能不用袖口擦汗了。"

普鲁士国王腓特烈二世皇帝考虑了好长时间，终于决定按照自己的想法制作出一批袖口带有扣子的西服来，然后命令所有的士兵全都穿上。这样，看上去既美观又简洁。

看到普鲁士士兵们穿上了由国王亲自改良的新款西服，贵族们觉得既美观又大方，便竞相模仿。从此，袖口带扣子的西服便传播开来，甚至民间也穿。逐渐地，西服在全球风靡起来。

让爱迪生为你鼓掌